2038年
南海トラフの巨大地震

尾池和夫

序文

南海トラフに起こる次の大規模な地震は、二〇三八年頃になると予測されている。このような長期予測が巨大地震について公表されている実例は、今のところ一つだけで、そのような地域は世界的に見ても珍しい、というよりも、他にはない。

この本の第一部では、そのような予測の内容とその根拠を示して、南海トラフの巨大地震の震災、とくに津波災害に備える必要のある方々に参考にしていただきたいと思っている。

南海トラフの性質を科学的に理解することが、次の南海地震の予測を知るためには基礎知識として必要である。そのためには、地球の歴史を概観することから始めることが重要だと、私は思っている。そのような基本的な知識を科学的に理解して、南海トラフの巨大地震が、近い将来に必ず起こるということを確信してもらうことが、まず、強震動による倒壊を防ぎ、津波に備えての避難訓練を繰り返して、災害を軽減しようという意思を固めるために重要だと思う。

ときどき聞かれる言葉の中に、とくに社会的に責任の重い仕事をしている人たちの不用意な発言の中に、「起こるかもしれないと言われている南海地震」とか「明日起こっても不思議ではないと言われる南海地震」という表現があるが、これらはいずれも大きな間違いである。要するに、次の南海トラフの大地震は、「近未来に必ず起こる南海地震」であり、起こるのは明日ではなく、「二〇三八年頃に起こる」のである。口癖のように繰り返される間違った表現で、市民の認識を混乱させるのはよくない。そのような混乱を防ぐためにも、少し回りくどいかもしれないが、地球の歴史から始めて、今の南海トラフの巨大地震の仕組みを解説したいと思う。

第二部には、高知新聞の「視点」の欄に、二〇〇二年四月七日から、二〇一四年一〇月一九日まで、六三回にわたって連載されたエッセイを再録した。再録にあたって、ほとんど新聞に掲載された通りの内容としたが、読み直している段階で、どうしても直したい箇所や、直さなければならない箇所もあり、高知新聞に掲載されたものと比べると変っている部分もある。

この本の執筆に当たっては、多くの出版物、研究論文、ウェブサイトを参考にし、ときには文章をコピーアンドペーストで引用した。本来はすべての参考元、引用元を紹介すべきであるが、多様な読者を想定すると、この本の趣旨から、必ずしも詳しい引用が適切とは思われないので、ほとんど省略することにした。その点、関係者のご寛容をお願いしたい。

高知新聞社の歴代の編集者、記者で「視点」を担当した方々に、新聞への掲載にあたって貴重なご意見をいただいた。また、出版にあたって、マニュアルハウスの岡田政信氏にお世話になった。エッセイの取材や校正などにあたって、アシスタントの白男川紗矢香さんたちの助力を得た。記して感謝の意を表したい。

高知県は、妻、尾池葉子に出会った地であり、祖父の出身地で、在所村第三小学校に入学する少し前から、高知市立第六小学校、私立土佐中学校、土佐高等学校卒業までの時期を過ごした土地なので、親類、同級生など、知人が多い。そのことが、高知の方たちにこの本を読んでいただき、次の南海トラフの巨大地震の発生に備えてほしいという思いを強く持つ所以でもある。多くの方たちにお世話になったお礼もかねて、この本の内容を役立てていただけると幸いである。

この本の第一部には、公益財団法人応用科学研究所の研究課題の一つである安全学研究会の成果の一部を活用した。また、装丁と作図は、京都造形芸術大学通信教育部の在学生たちにお願いした。表紙の題字は川尾朋子さんによる。記して謝意を表する。

尾池和夫

（二〇一四年一一月三〇日、京都造形芸術大学学長室にて）

目次

序文　2

第一部　南海トラフの巨大地震　その仕組みと予測　11

地震の大きさ　13
地震調査研究推進本部　14
南海トラフ概観　15
南海トラフの地震活動　21
南海トラフの地震の多様性　22
最大クラスの地震の予測　26
次の南海地震の発生時期　30
南海トラフの地震の歴史　34
防災対策　46
地球の歴史　49
四五歳のテラさんのアルバム　55

第二部　次の南海地震に向けて　57

次の南海地震　近い将来確実に発生　58
活断層性地震にも注意を「激震が襲う日」シンポから　61
東南海・南海地震対策特別措置法　具体的な備え始めるとき　64
幕府を揺るがした南海地震　地盤沈下に大津波が来襲　67
南海地震にまつわる謎　前兆現象の仕組み解明を　70
地震の被害想定について　シナリオをもとに算出　73
中山間地の震災対策　居住の安心を大切に　76
必要な津波の知識　次の南海地震の想定に　79
須崎市の防災活動　ふれあい高新の行事から　82
津波の対策　避難場所と警報の整備を　85
南海地震の歴史　世界一詳しい史料　88
幕末の地震活動期　坂本龍馬の生涯とともに　91
紀伊半島沖の地震　活動期の歴史をたどる　94
インド洋の津波　巨大地震の姿を知る　97

北九州の地震　活動期のだめ押し　100
巨大地震による地殻変動　インド洋に増えた島々　103
日本海溝の地震活動　長期予測研究に注目　106
広島と高知の地震　フィリピン海プレートの先端　109
地球の中を見る　高知コア研究所の活躍　112
吉田山と花折断層　京都大学のキャンパスから　115
馬路村を訪ねて　海と山の国の創造性　118
山内一豊の時代に重なる　地震活動期の記憶として　121
地震と噴火の連鎖反応　インドネシアの巨大地震その後　124
南極観測五〇周年　越冬隊の活躍を思う　127
西南日本の深部に起こる微動　スロー地震との関連が　130
低周波微動とゆっくり地震　解明進め被害軽減へ　133
地震の短期予知に向けて　次の南海地震の観測を　136
緊急地震速報と噴火警報　警報が出たときに備えて　139
津波の高さの記憶に　南海地震津波予測ポールを　142
中国の地震と震災　いくつもの世界記録　145
世界ジオパークネットワーク　日本の参加を目ざして　148

貴重な地球の遺産　室戸岬の変動地形　151
プレート境界の超巨大地震その後　まだまだ続く連鎖的現象　154
比良八講荒れじまい　活断層盆地の琵琶湖にて　157
本州の最南端に立つ　三つの岬の連携を　160
世界ジオパーク　日本から初の三か所認定　163
ヴェーゲナーから百年　寅彦が伝えた大陸移動説　166
島原半島ジオパーク　普賢岳噴火からの復興　169
山陰海岸ジオパーク　拡大した日本海を見る　172
神奈川県温泉地学研究所　鯰の会の観測記録　175
日本ジオパークネットワーク　全国大会に出席して　178
龍馬の墓と活断層　大地震を考え紅葉狩り　181
ニュージーランド地震に学ぶ　高知市の地盤の状況は　184
東北地方太平洋沖地震に学ぶ（一）　これほど早く起こるとは　187
東北地方太平洋沖地震に学ぶ（二）　津波をなめたら、いかんぜよ　190
隆起する室戸岬・沈降する松島　いよいよ南海地震本番へ　193
土佐清水市への旅　大地の景観と津波対策　196
木の家耐震改修大勉強会　南海地震を正しくこわがる　199

壬辰の年に思うこと　九は身を折り曲げた竜　202
武藤順九「風の環」の世界　光・水・風をテーマに　205
ジオパーク国際ユネスコ会議　島原半島で日本初の開催　208
ヴェーゲナーの大陸移動説一〇〇年　寺田寅彦が日本に伝えた　211
松陰の生涯と地震活動期　日本橋から小伝馬町へ歩く　214
関西高知県経済クラブの集まり　次の巨大地震への備えも　217
京都造形芸術大学に着任　目まぐるしいスタート　220
安全と安心の概念　南海トラフの巨大地震を例に　223
緊急地震速報の活用　空振りでも防災訓練を　226
着地型観光旅行の魅力　室戸ジオパークのだるま夕日　229
大分県のジオパーク　大人が学ぶ子どもたちの報告　232
香港世界ジオパークを訪ねて　大都会を支える岩盤の大地　235
久しぶりの授業　地球を観る眼を養う　238
中国にもある安定大地　変動する土佐の大地と比較　241

題字・川尾朋子
装丁・伊藤博実（京都造形芸術大学通信教育部デザイン科空間演出デザインコース）
作図・姜幸（京都造形芸術大学通信教育部デザイン科空間演出デザインコース）

第一部　南海トラフの巨大地震

その仕組みと予測

南海トラフの地震活動について、日本の国が公表している情報を概観しておきたい。次の南海トラフの巨大地震に向けて、震災軽減のための様々の取り組みが必要であり、その多くがすでに実行されているが、この本では、震災対策の内容を具体的に描くことを目的とはしていない。震災対策をしなければならないという意思を明確にしてもらうために、地震の発生の仕組みを知っていただくのが、この本の直接の目的である。

要するに、近い将来、南海トラフに巨大地震が確実に起こるということを知ってほしいのである。その知識ができれば、震災軽減のために、それぞれの立場で、今からしっかり取り組まなければならないという認識を持っていただけると、私は思っている。

地震の大きさ

この本には、巨大地震という言葉と、大地震という言葉、大規模地震という言葉が出てくる。巨大地震という言葉は、二〇一一年三月一一日の東北地方太平洋地震のマグニチュードが、九・〇であったのをきっかけに、よく使われるようになった言葉である。私はその前から、マグニチュード八・八以上の地震のことを巨大地震と呼ぶ習慣を持っているが、それにこだわらずに、大規模な地震であるということを認識してほしい場合に、注目してもらうためにと考えて、あえて巨大地震という言葉を使うことがある。大地震という言葉は、一九二三年の関東地震のマグニチュード七・九以上の地震を指していうくせが、私にはある。大規模地震という言葉は、要するに大きな地震という意味で使う場合が多いが、マグニチュード四程度以下の小さな地震しか、今までに起こっていない地域で、マグニチュード六の地震が起こると、比較的に大規模な地震として目立つことになり、そのような場合にも大規模な地震が起こったという表現が使われる。

要するに、地震の大きさを表すのには、マグニチュードという数字を使うのが科学的で、巨大地震、大地震、大規模地震などの言葉は、それほど明確な定義があるわけではない。しかし、マグニチュードの数字で現象を理解するためには知識と経験が必要で、地震学を修めた人でないと難しい。一般に関心が高いのは、自分の関係する場所がどの程度強く揺れるかということであり、後で説明するが、それは震度という整数の物差しで表現される。

あえて、地震のマグニチュードの大きさを土佐弁で表現すると、マグニチュード六クラスは、「ちっくと大きい地震」、七クラスは「しょう大きい地震」、八クラスは「まっこと大きな地震」、九クラスは「こじゃんと大きいがじゃき」という感じであろうか。

地震調査研究推進本部

日本の国には、地震調査研究推進本部という機関がある。一九九五（平成七）年に発生した兵庫県南部地震によって、阪神・淡路大震災が発生し、六四三四名の死者を出し、一〇万棟以上の全壊という被害があった。

その直後、地震防災対策の課題をふまえて、地震防災対策特別措置法が議員立法で制定された。

その法律にもとづいて、政策に直結するような地震の調査や研究の責任体制を明確にするためと、これを一元化して推進するために、この機関が新しく設置された。

さらに、二〇一一年の東日本大震災で、地震の調査や研究に関して多くの課題が浮き彫りにされて、地震の調査や研究が防災と減災に貢献できるようにと、基本的な施策を見直すための作業が行われた。その結果、当面の一〇年間に推進すべき目標として、海溝型地震の発生予測の高精度化に関する調査と観測の強化、地震動即時予測および地震動予測の高精度化、津波即時予測技術の開発、および津波予測に関する調査と観測の強化、活断層などに関連する調査と研究による情報の体系的な収集と整備、および評価の高度化、防災、減災に向けた工学および社会科学的な研究との連携強化というような項目をまとめた。

南海トラフ概観

この地震調査研究推進本部（以下、よく使われる「推本」という略称を本書でも採用する）は、当面の一〇年間の目標の一つである南海トラフで発生する地震についての調査と研究の結果を公表している。その内容をまず概観する。

推本が南海トラフのことを取り上げる対象の領域としたのは次の説明による地域である。南海トラフは、日本列島が存在している大陸プレートの下に、フィリピン海プレートが、南から年間数センチの早さで沈み込んでいる場所であり、その沈み込む口が大きな溝（トラフ）の形になっている。この沈み込みによって、二つのプレートの境界では、海のプレートが陸のプレートの先を引きずり込んでいくために、主として陸側のプレートの先端に、ひずみが蓄積されていく。

日本には長い期間の歴史がある。とくに関西地域を中心とした西日本、つまり南海トラフの巨大地震の発生によって大きな影響を受ける地域では、長い間、日本の都が置かれていたこともあって、歴史が詳しく書き残されている。過去一四〇〇年以上のことがわかっており、南海トラフでは、一〇〇年ないし二〇〇年というような間隔で、蓄積されたひずみを解放する大地震が発生したことがわかっている。近年では、一九四四年の昭和東南海地震、一九四六年の昭和南海地震がこれにあたる。これらの大地震が起きてから、二〇一四年現在、すでに七〇年が経過しており、フィリピン海プレートの沈み込みが同じように続いているのだから、南海トラフにおける次の大地震発生の可能性が高まってきているということになる。

歴史資料から見て、南海トラフで起きた過去の大地震には多様性がある。したがって、次に発生する大地震の震源域の広がりを詳しく予測することは、今の知見では困難である。推本では、南海トラフを、南海領域、東南海領域というように区分せずに、南海トラフ全体を一つの領域として、この領域で大局的に一〇〇年ないし二〇〇年で、繰り返し大地震が起きていると考え、地震発生の可能性を分析したと説明している。

分析の結果から、次の大地震発生について予測の内容をまとめると次のようになる。

地震の規模　　マグニチュード八から九クラス
地震発生確率　二〇一三年から三〇年以内に、七〇パーセント程度
平均発生間隔　八八・二年
地震後経過率　〇・七七

過去の地震の発生状況については、南海トラフで発生した大地震は、その震源域の広がり方に多様性がある、と推本は述べているが、震源域の広がり方について、以下に私の説明を少し加えておく。地震は、岩盤の中ですべり破壊が発生して破壊面が急激に成長し、その破壊面から地震波が伝

わって、地表でも揺れが発生するという現象である。震源域という言葉は、そのような岩盤の破壊面が地下で発生する地域のことをいうと考えていいであろう。地震波で地表が揺れる強さを震度という整数の数字で表す。日本では、気象庁の定めた震度〇から震度七までの一〇段階である。震度五と震度六が強と弱とに分かれているので、一〇段階である。

岩盤の中で、ずれ破壊は、ある場所から始まって、秒速二キロほどの早さで破壊面が広がる。その破壊面全体から地震波が発生して四方八方に伝わる。破壊面が広くなるほどマグニチュードが大きくなり、岩盤の破壊が長い時間続くことになるから、ある場所で強く揺れる時間が長くなり、強い震度で揺れる地域が広くなる。

たとえば、二〇一一年東北地方太平洋沖地震の場合には、立っていられなくなるほどの震度六弱以上の揺れが、数分にわたって続いた。このときには、震源断層面、つまり岩盤内の破壊面が、仙台の東方沖の地下から始まって、南北に五〇〇キロ、東西に二〇〇キロほど広がったので、強い揺れが数分にわたって続くという現象を、関東から東北、北海道南部にいる多くの人が体験したのである。

この揺れ方だけで、とんでもなく規模の大きな地震が起こり、そのような巨大地震はプレート境界のある海底で起こるから、直後に大津波が来るという判断が、地震のことをきちんと理解している人には完璧にできるということが重要な意味を持っているのである。このような確かな情報を、自然現象が大地を揺らして与えてくれているのである。情報が届かなかったと、行政担当者に向かって言うのは間違いである。科学の知識があって、自然現象から得られる情報を理解する能力を持った人が増えてほしいと私は思っている。そのような人たちが社会のあらゆる要所にいて解説することが、災害の軽減につながっていくと思う。

南海トラフという呼び名は、フィリピン海プレートの沈み込み口の中で伊豆半島の西側にある駿河湾から紀伊半島、四国の沖あたりまでで、日向灘、南西諸島の沖までは含まない。フィリピン海プレートは西日本の陸の下へ、やや斜め方向に沈み込んでいる。そのために西日本の内陸部には右ずれの運動を起こす力を与えるので、その力で中央構造線の活断層部分が右ずれを起こすと考えられる。フィリピン海プレートは南西諸島の地域では弧状列島に直交して沈み込んでいる。西南日本と対象的に、フィリピン諸島では、逆に左ずれの運動を起こす力を陸地に及ぼして、フィリピン断層の左ずれ運動を起こしていると考えられる。

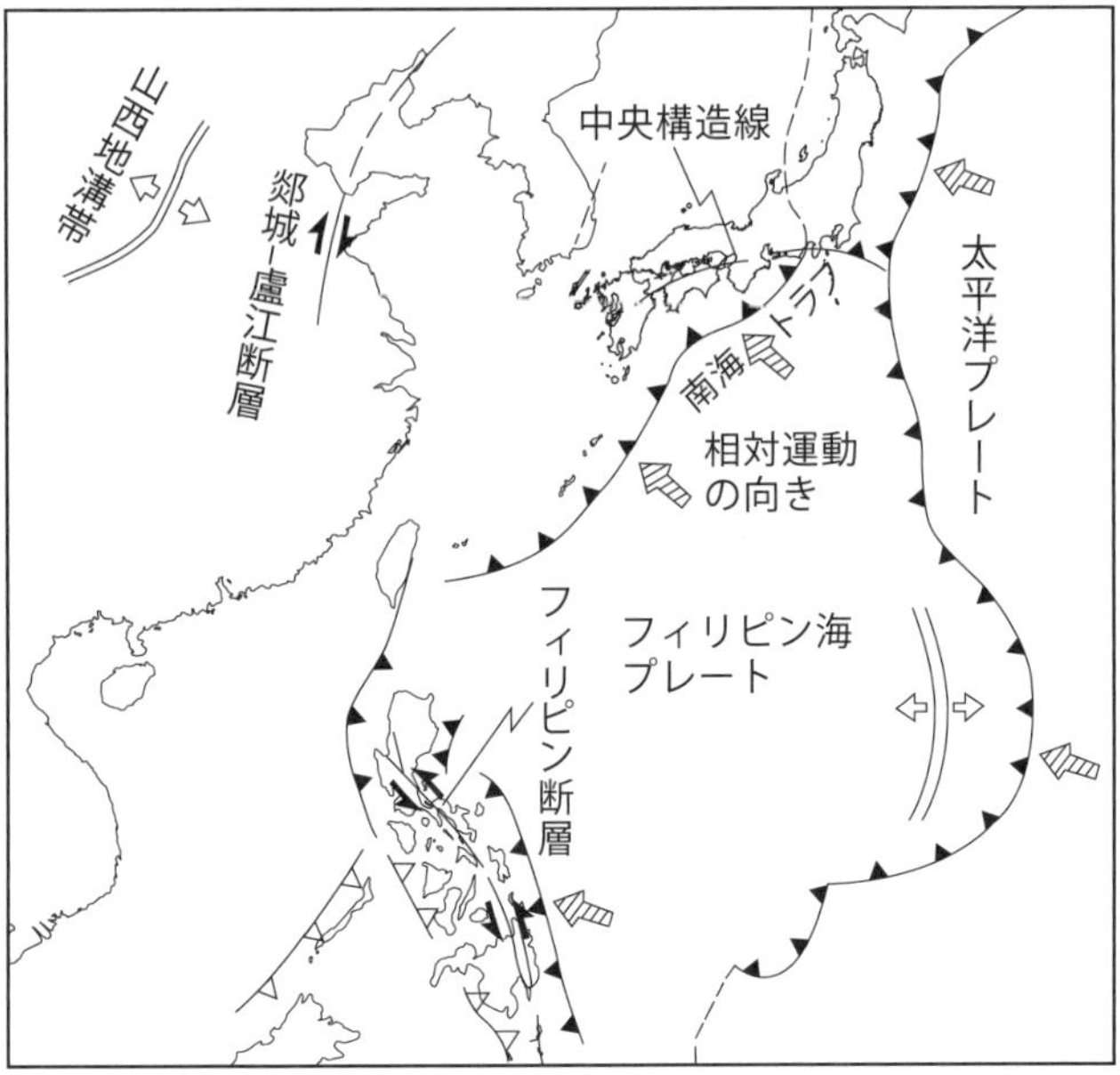

図１　フィリピン海プレートの沈み込みと陸の大活断層帯の動き。フィリピン海プレートの沈み込み方向の軸に対して、中央構造線の右ずれとフィリピン断層の左ずれが対称の関係になっている。

南海トラフの地震活動

二〇一三（平成二五）年五月二四日に、推本の地震調査委員会は、「南海トラフの地震活動の長期評価（第二版）について」という文章を公表した。その中では、次のように状況が述べられている。地震調査委員会は、この時点よりも前に、海域に発生するプレート間地震（海溝型地震）について、千島海溝、三陸沖から房総沖にかけての日本海溝、相模トラフ、南海トラフ、日向灘及び南西諸島海溝周辺、日本海東縁部を対象に長期評価を行い、公表してきた。しかし、二〇一一年三月一一日に発生した東北地方太平洋沖地震のような超巨大地震の発生を想定する分析はできていなかった。そのことをはじめとして、海溝型地震の長期評価に関して様々の課題があるということが明らかとなったことから、地震調査委員会では、それまでの長期評価の手法を見直し、新たな手法の検討を行うこととした。

新たな長期評価手法については、この第二版の公表の時点で、まだ検討中であった。しかし、南海トラフにおいて大地震が発生すると、九州から関東の広範囲にわたり、大きな被害が懸念されるため、早急に防災対策を進める必要がある。そのため、長期評価の手法の検討の途中で、それまでに得られた新しい調査観測と研究の成果を取り入れ、南海トラフの地震活動の長期評価を暫定的に改訂して、第二版としてとりまとめて公表したのである。

この時点での、評価に用いられたデータは、量および質において一様ではなく、そのためにそれぞれの評価の結果についても精粗がある。平成一五年以降に発表した長期評価の結果には信頼度を付与してあったが、今回の評価では、確率の評価に用いたモデルが確立されていないことなどから、信頼度は付与されていない。

早急に防災対策を進める必要があるので、このようなコメントを付けて、暫定的に南海トラフの地震活動の長期的な見通しを描いたのである。

南海トラフの地震の多様性

南海トラフで規模の大きな地震が起こるたびに、震源域が少しずつ異なっていること、および歴史資料の存在の状況について、さらに詳しく以下のように解説されている。

安政の南海地震は、南海道沖全域が震源域となったのに対して、昭和の南海地震は、西側四分の一は震源域ではなかったと推定される。また、南海トラフの東の端である震源域と連動して静岡の近くまで破壊面ができる場合（安政型）と、静岡までは破壊面が拡がらない場合（宝永型）の二種類に、南海トラフの大規模地震の発生様式を分類することができるという説もある。

一四九八年の明応地震以降は、文献による資料が豊富で、発生間隔も一〇〇年前後であるが、それより前は、東海地震の発生記録がないということのほか、一三六一年の正平地震以前には、記録に欠損があると考えられてきた。つまり、歴史の資料からは見つかっていない大地震が起こっていたかもしれないのである。たとえば、一三世紀前半と見られる津波や液状化の痕跡が複数箇所で発見されており、このような史跡が文献の大地震の記録を補うであろうと考えられている。

一方で、一〇九六年の永長地震以前は、確かな証拠がなく、津波堆積物の研究からは、一〇〇年と二〇〇年の周期が交互に繰り返されていると見る説も提出されている。また、地震が連動して発生する様子を、プレートの相対運動やプレート境界の摩擦特性から、スーパーコンピュータを用いて理論的に再現するという、シミュレーションの分野の研究も行われており、その結果では、連動性は再現されているが、地震発生の時間間隔などが歴史記録と一致しないということも報告されている。

南海トラフ全域にわたって、ほぼ同時に破壊面が発生した場合の地震は規模が大きく、宝永地震の場合がそれに当たり、歴史資料からわかっている他の南海トラフの地震よりも、ひとまわり大きいマグニチュード八・六であると推定された。最近の調査にもとづく研究成果では、この宝永地震と同じ規模の津波堆積物が、三〇〇年から六〇〇年の時間間隔で見出されることがわかった。また、宝永地震よりもさらに巨大な津波をもたらす地震が、約二〇〇〇年前に起きていた可能性があることも、この津波堆積物の調査からわかっている。

昭和の南海地震でも確認されたように、単純にプレートとプレートの境界の面が破壊面となるだけでなく、分岐している多くの断層面で、ずれ破壊が発生している可能性もある。南海トラフに沿って、海底地形から分岐断層が多く見つかっている。これらは陸上で見られる活断層地形よりも、はるかに大きな地形となっている。

震源域が広い場合、長周期地震動の発生が予想され、震源域に近い平野部の大都市である大阪や名古屋などでは、高層ビルやオイルタンクなどに被害が及ぶ可能性が高いことが指摘されている。

古文書に、しばしば半時にわたって強い振動が継続したと解釈できる記載がみられる。この記載は、大地震に対する恐怖感が誇張された表現という見方もあるが、連動型の地震による広い範囲の震源域での破壊面から地震波が伝わった可能性や、別の断層に連鎖して多重地震となった場合や、あるいは本震後の活発な余震活動などの表現であるとも解釈できる。

いずれにしても、南海トラフに発生する大地震は、一定の時間間隔で起こる周期性と、同時に広い範囲で起こる連動性の、二つのことが大きな特徴となっていると言える。

南海トラフでは、約二〇〇〇万年前に生まれた、比較的若いフィリピン海プレートが沈み込んでおり、プレートが薄く、かつ温度が高いために、プレートが重くなっていない。そのために、陸のプレートの端を持ち上げるような形で、低角で沈み込んでいる。そのために、プレートとプレートの境界面での固着が起こりやすく、かつ震源域が陸地に近いので、陸域での被害が大きくなりやすい。南海トラフにおける、フィリピン海プレートとユーラシアプレート（あるいはプレートを細かく定義するとアムールプレート）との間の、プレート間カップリング（固着の度合い）が、ほぼ一〇〇パーセント近くである。つまり完全に固着していると言ってもいい。したがって、毎年、六・五センチずつ、日本列島を押してくるフィリピン海プレートの運動エネルギーのほとんど全部が、地震を起こすエネルギーとなっている。

紀伊半島先端部の潮岬沖付近には、固着が弱く、ゆっくりと滑りやすい領域があると見られており、このことと一九四四年の昭和東南海地震、一九四六年の昭和南海地震はいずれもこの付近を震源、すなわち破壊の開始点として、破壊面がそれぞれ東西方向へ拡がったこととの関連が深いと見られる。つまり、このあたりからプレート境界面の、ずれ破壊が始まって、大地震の震源断層面になるという考えである。

最大クラスの地震の予測

「南海トラフの地震活動の長期評価（第二版）」では、今まで考えられてきた固有地震モデルに基づく評価ではなく、発生しうる最大クラスも含めた地震の多様性を考慮した評価を試みた。また、不確実性が大きくても防災に有用な情報は、これに伴う誤差やばらつきなどを検討した上で、評価に活用することとし、さらに、データの不確実性などにより、地震の発生確率などは、解釈が分かれる場合があるが、そのように解釈が分かれるものについては、複数の解釈について併記するという方針をとった。

この報告の対象とする領域については、東端を富士川河口断層帯の北端付近とし、西端を日向灘の九州・パラオ海嶺が沈み込む地点とした。また、南端は、南海トラフ軸で、北端を深部低周波微動が起きている領域の北端と定義している。

九州・パラオ海嶺が沈み込む地点より南西側は、今回の長期評価に必要な科学的知見の収集と整理が不十分であることから、今回の対象地域から除いたとされている。

この報告では、南海トラフで発生する地震の震源域を類型化するため、評価対象領域を南海トラフの走向およびフィリピン海プレートの沈み込む方向に、いくつかの領域に分割して論じている。南海トラフの走向方向に関しては、地震の破壊の開始点、あるいは終点は、地形境界に対応する場合が多いことがわかっているので、地形の境界に基づいて、六つの領域に分割して論じている。それらは、都井岬〜足摺岬、足摺岬〜室戸岬、室戸岬〜潮岬、潮岬〜大王崎、大王崎〜御前崎、御前崎〜富士川である。ただし、最初の都井岬から足摺岬の領域で発生すると想定される、日向灘のマグニチュード七クラスの大地震については、この報告では対象とはせず、別途評価を行うとされている。

フィリピン海プレートの沈み込み方向に見た場合の領域は、プレート境界の振る舞いに関する科学的知見から、次の三つの領域に分割された。南の端は、プレート境界の浅い部分で、すべりが生じると大きい津波が発生する可能性のある領域、中間が、大地震の震源域になると考えられてきた、固着が強い領域、北の端は、震源域の深部から、最近発見された、ゆっくり震度する地震波を発生する深部低周波微動の発生領域までというように分けて分析された。

このように分割したそれぞれの領域が、ときには個別に、ときには複数の領域が一体となって地震を発生させる可能性があるものと考えた。領域の中には、中央防災会議が想定している、想定東海地震の震源域も含まれている。

これらの領域の全体で、ずれ破壊が発生する地震が、この報告で想定する南海トラフの「最大クラスの地震」である。この「最大クラスの地震」の震源域は、過去の地震、フィリピン海プレートの構造、海底地形などに関する特徴など、現在の科学的知見に基づいて推定したものである。この「最大クラスの地震」が発生すると、震源域の広がりから推定される地震のマグニチュードは九クラスになるという。

図2に、過去に南海トラフで発生した大地震の震源域の広がり方に多様性があることが示されている。南海地域における地震と東海地域における地震が、同時に発生している場合と、数年以内というような、若干の時間差をおいて発生している場合があることがわかる。

海底堆積物や津波堆積物などの地質学的な証拠から明らかになってきた地震の痕跡は、約五〇〇〇年前まで遡ることができる。史料から推定することができる、六八四年の白鳳（天武）地震より前に、南海トラフで大地震が繰り返し起きていたことが、堆積物の調査からわかってきた。

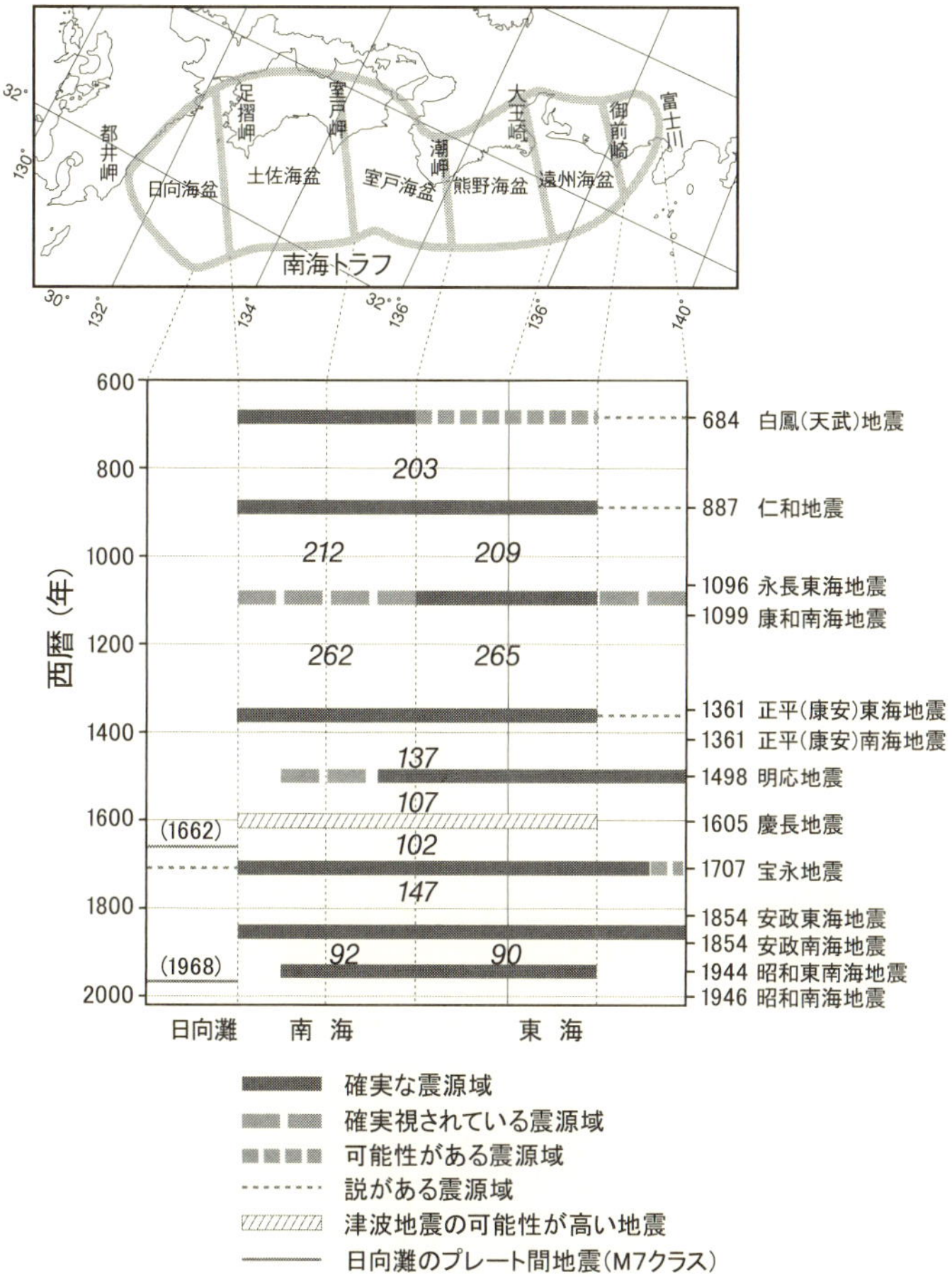

図２　南海トラフで発生した大地震の震源域の広がりを示すさまざまの資料

高知県の蟹ヶ池（かにがいけ）では、約二〇〇〇年前の津波堆積物が、その年代の前後の津波堆積物に比べて厚く、今までにわかっている地震の中で最大と言われている一七〇七年の宝永地震より大きな津波が起きた可能性が指摘されている。

南海トラフの大地震は多様性があるため、次に発生する地震の震源域の広がりを正確に予測することは困難であり、すでに述べたように、この報告では、南海トラフを区分をせずに、南海トラフ全体を一つの領域として考え、大局的に一〇〇から二〇〇年で、繰り返し地震が起きていると仮定して、地震発生の可能性を検討することとした。そのために、一三六一年の正平（康安）地震以降の地震を用いて、一六〇五年の慶長地震を同列に扱う場合と、除外する場合の二つの場合について検討した。大地震の発生間隔の平均値は一一七年、あるいは一四六年となるが、実際に起きた地震の発生間隔は約九〇年から約一五〇年あるいは約二一〇年とばらついている。

次の南海地震の発生時期

知られている中で最大と言われている一七〇七年の宝永地震と、その後に発生した一八五四年の安政東海・南海地震の間は一四七年であるのに対して、宝永地震より規模の小さかった安政東海・南海地震とその後に発生した一九四四年と一九四六年の昭和東南海、南海地震との時間間隔は約九〇年と短い。これは、次の大地震が発生するまでの期間が、前の地震の規模に比例するという考えが成り立つことを意味している。このことは、専門的には、時間予測モデルが成立している可能性を示しているというように表現される。

このモデルが成立すると仮定した場合、昭和東南海・南海地震の規模は、安政東海・南海地震より小さいので、室津港の隆起量をもとに次の地震までの発生間隔を求めると、八八・二年となる。評価時点の二〇一三年一月一日で、昭和東南海・南海地震の発生から既に約七〇年が経過しており、次の大地震発生の切迫性が高まっているということになる。

次に、将来南海トラフで大地震が発生する確率の評価については、時間予測モデルから推定された八八・二年を用いて計算すると、今後三〇年以内の地震発生確率は六〇から七〇パーセントとなる。

次に発生する可能性のある地震としては、従来よりも幅広く、マグニチュード八から九クラスの地震を対象とした。その地震について、高知県室津港の歴代南海地震の内の、宝永、安政、昭和の

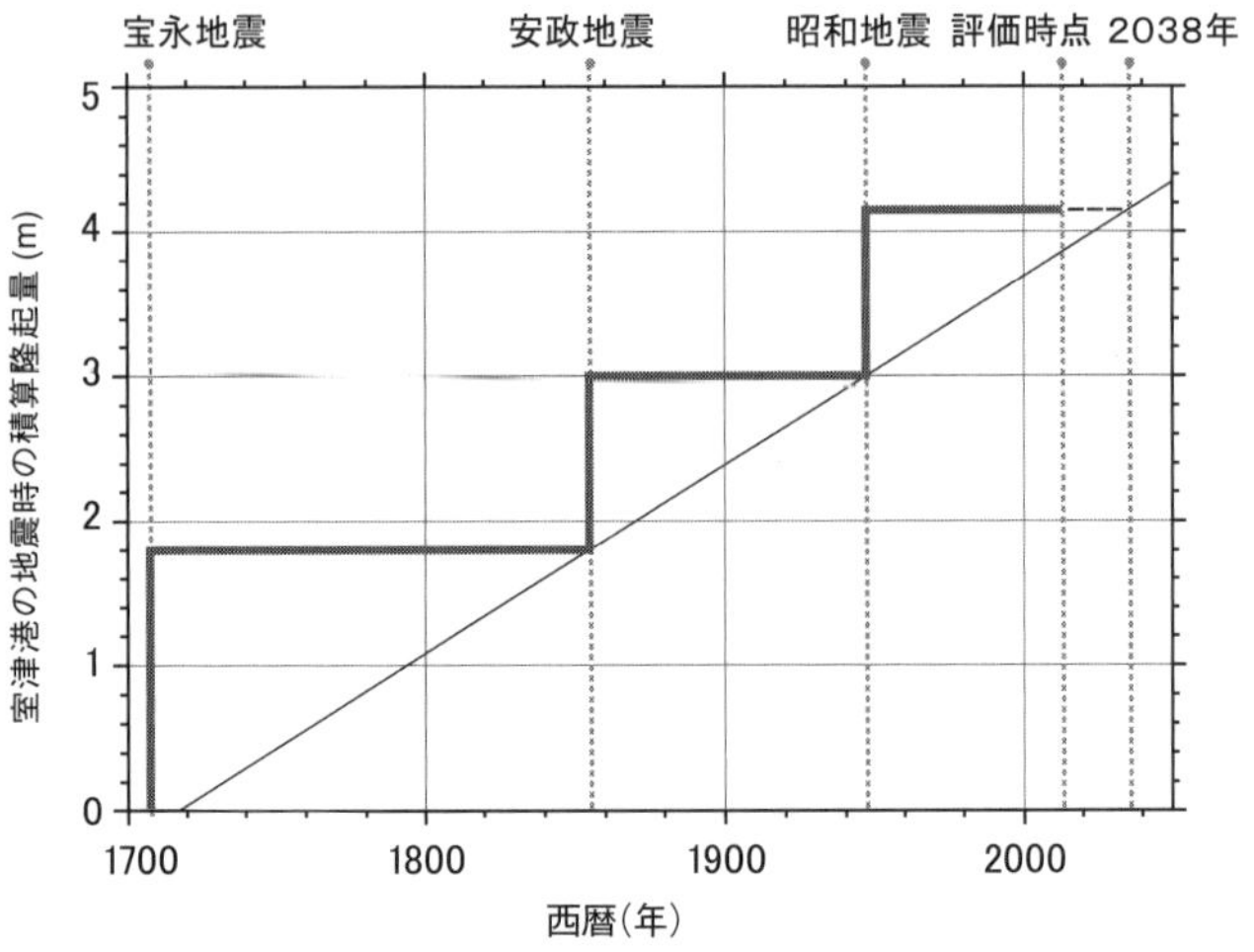

図３　室津港の隆起量にもとづいて、次の南海地震の発生時期は2038年と予測される。

地震の時の隆起量と、地震発生の時間間隔との関係を基にした時間予測モデルによって、次のマグニチュード八クラスの地震が、昭和の南海地震から八八・二年後に発生すると推定し、それをもとに、今後三〇年以内に次の大地震の発生する確率を計算した。

この推定だと次の地震は二〇三四年ということになるが、元の中田さんと島崎さんの論文によると、二〇四〇年という数字もあり、ここではその間の二〇三八年を次の南海地震の発生する年と予想しておくこととする。

また、最大クラスのマグニチュード九を超える地震が発生する可能性もあるが、その発生頻度は、一〇〇年から二〇〇年の時間間隔で発生している地震に比べると、一桁以上低いと推定した。

この分析のもとになった南海トラフの地震に関する歴史記録を見る。その記録からは、南海トラフ沿いの東半分および西半分の震源域が、時間差をおいて、あるいはほぼ同時に、連動して発生したと推定されるが、南海トラフの地震のうち、機器観測の記録が存在するのは昭和地震のみである。また、詳しい歴史史料が残っていて、ある程度震源域を特定できるのは、江戸時代以降の安政地震および宝永地震までである。それより前に発生した地震については、史料が乏しく、断片的なものに限られ、震源域についての解釈には諸説がある。また、慶長地震のように、南海トラフの地震ではないという説のある場合もある。

従来、震源域が、東海地震、東南海地震、南海地震というように分類するか、あるいは、土佐海盆、室戸海盆、熊野海盆、遠州海盆、駿河湾の、海底地形による地域に区分して論じられてきた。しかし宝永地震は、南海地震の領域よりも西側に、日向灘地震も連動していた可能性が指摘されており、また単なる三連動地震ではない別の巨大地震という説もある。一四九八年の明応地震は、南海地震と日向灘地震が連動した地震であったという可能性も指摘されている。

このように、比較的歴史資料や堆積物の調査などが進んでいる南海トラフの大規模地震についてであっても、さらに今後の調査研究の成果をつねに取り入れながら、分析を続けていかなければならない。ここでは、南海トラフに発生した可能性のある大規模な地震と、それに関連する現象のことの概略を引用しておくこととする。

南海トラフの地震の歴史

歴史の資料から南海トラフの大地震であろうと考えられているものは、いくつかの大地震が連動して起こったものを一組として数えて九組ある。それらについて、右に述べた震源域の区分の中で同時に起こったのか、連鎖的に起こったのかという点を整理すると次のようになる。

六八四年	白鳳（天武）地震	同時発生
八八七年	仁和地震	同時発生
一〇九六年・一〇九九年	永長・康和地震	二年二か月間隔
一三六一年	正平（康安）地震	同時発生または二日間隔

一四九八年	明応地震	同時あるいは近い時間間隔
一六〇五年	慶長地震	不明
一七〇七年	宝永地震	同時発生
一八五四年	安政地震	三二時間間隔
一九四四年・一九四六年	昭和地震	二年間隔

これら、六八四年以来の九組の大地震と、それに関連する現象を次に整理しておく。推本の報告にも引用されているように、南海トラフの大地震の前には、西南日本の内陸の地震活動が活発になる傾向があり、そのことをもとに、統計モデルを分析して次の南海トラフの大地震を予測することを試みて、やはり二〇四〇年頃に発生するという可能性を、堀高嶺さんと私が発表した論文や、京都地域の有感地震にも南海トラフの大地震の前に活動度が高くなる傾向があるという私の報告があり、そのことから類推すると、南海トラフの大地震の歴史資料がない場合でも、西南日本の内陸部の活動を参考にして、津波堆積物などを探すという手法も成り立つのではないかと考えることもできる。そのような意味で、関連しそうな、いくつかの現象を取り上げておく。

【歴史資料以前の大地震の存在】

西暦一年頃、弥生時代、マグニチュード九クラスの巨大地震の発生の可能性がある。高知県土佐市宇佐の海岸から奥へ二〇〇メートルほど離れた蟹ヶ池で、津波による厚さ五〇センチを超える堆積物が発見された。

また、五世紀頃（允恭の頃）、静岡県坂尻遺跡および大阪府久宝寺遺跡の液状化跡、天理市赤土山古墳の地滑り跡から、この時期に南海トラフ巨大地震が発生したと考えられる証拠が出ている。

【歴史資料の最初に現れた大地震】

六八四年一一月二六日（天武一三年一〇月一四日）

マグニチュード八と四分の一　白鳳地震あるいは天武地震と呼ばれる。『日本書紀』の記録では、南海地震、地質調査結果から同じ時に東海地震と東南海地震が発生したと推定されている。山崩れ、家屋、社寺の倒壊が多数あり、津波の襲来後、土佐で船が多数沈没し、田畑約一二平方キロが沈下して海となった。地震前後に伊予温泉や紀伊の牟婁温泉の湧出が止まったという記録がある。

この日、伊豆諸島で噴火があり、島が生じたとの記録がある。

【約一〇三年おいて】

八八七年八月二二日（仁和三年七月三〇日）

マグニチュード八・〇から八・五

仁和地震と呼ばれる。『日本三代実録』の記録からは南海地震であり、地質調査結果から同じ時に東海地震と東南海地震が発生したと推定されている。五畿七道諸国、京都で民家、官舎の倒壊による圧死者が多数あり、とくに摂津での被害が大きかった。余震が一か月程度記録された。

これに先立ち、八六四年（貞観六年五月）から八六六年頃、富士山の貞観大噴火があった。

八六九年七月九日（貞観一一年五月二六日夜）、東北地方の日本海溝沿いの巨大地震と推定さている貞観地震が起こった。

八八六年六月二九日（仁和二年五月二四日）、伊豆諸島の新島あるいは他島で噴火があったと推定されている。

【約二〇九年おいて】

一〇九六年一二月一一日（嘉保三年一一月二四日）

マグニチュード八・〇から八・五

永長地震と呼ばれる。東海地震、東南海地震が連動した可能性が高い。皇居の大極殿に被害があり、東大寺の巨鐘が落下し、近江で、瀬田の唐橋が落ちた。津波により駿河で民家、社寺四〇〇余が流失した。伊勢の安濃津でも津波被害があった。次の康和地震との連動地震とみられる。

一〇九九年二月一六日（承徳三年一月二四日）

マグニチュード八・〇から八・三

康和地震と呼ばれる。前の地震と併せて、永長・康和地震と呼ばれる。南海地震とみられる。大和の興福寺で門や回廊に被害があり、摂津の天王寺でも被害があった。津波そのものの記録はないが、土佐で田畑約一〇平方キロが水没したという記録があり、津波の可能性がある。

これに先立ち、一〇八三年四月一七日（永保三年三月二八日）、富士山の噴火があり、大地震後には、一一一二年（永正八年）には、伊豆諸島で噴火があったと推定されている。

【この間の大地震の存在？】

一二〇〇年の前後数十年に、静岡県の上土遺跡、大阪府堺市の石津太神社遺跡、和歌山県箕島の藤波遺跡および那智勝浦町川関遺跡に残る地震痕跡から、南海トラフの巨大地震が発生したと推定する説がある。その前、一一八五年の近畿を襲った文治地震があった。比良断層の活動による内陸地震という説もあり、『吾妻鏡』など鎌倉や京都の地震記録から南海トラフの大地震を探す試みもある。

【一〇九九年から約二六二年おいて】

一三六〇年一一月二三日、一四日（正平一五年、延文五年一〇月四日、五日）

マグニチュード七・五から八・〇

紀伊・摂津地震、二日にわたって二回大きな地震があった。死者多数。尾鷲や兵庫に津波があり、これを東南海地震とする説がある。この地震の存在を疑問視する見解もある。

一三六一年七月二六日（正平一六年、康安元年六月二四日）

マグニチュード八と四分の一から八・五

正平地震あるいは康安地震、『太平記』の記録からは南海地震である。摂津四天王寺の金堂転倒し、圧死五人。そのほかにも畿内の諸寺諸堂に被害が多かった。摂津・阿波・土佐で津波被害があり、とくに阿波の雪（由岐）湊で一七〇〇戸が流失、死者六〇人余り。湯ノ峰温泉の湧出が止まったという記録がある。同月に伊勢神宮の被害記録もある。震源域を南海、東南海の両領域とするほか、発掘調査により同時期に東南海地震が発生したとされる。これに前後して多数の地震記録があり、その中の一つは東海、東南海地震ではないかという指摘もある。

【約一三七年おいて】

一四九八年九月一一日（明応七年八月二五日）

マグニチュード八・二から八・四

明応地震。東海・東南海地震の二連動地震であり、前後の近い時期に南海地震が別に発生した可能性が高いとされる。南海地震の同時発生という説もある。紀伊から房総までの沿岸と甲斐で揺れが大きく、熊野本宮の社殿の倒壊も記録されているが、揺れによる被害は比較的軽かったとされている。一方津波被害は大きく、伊勢・志摩で死者一万人、駿河の志太郡で死者二万六千人（二六〇の誤りとする説もある）など、紀伊から房総にかけての広い地域に津波が達した。湯ノ峰温泉の湧出が一か月半止まったという記録がある。京都では余震が二か月近く続いたという。この津波により浜名湖が海と繋がった。関東では宝永地震よりも津波被害が大きい一方、四国や九州では津波記録がなく詳細は不明。高知県四万十市のアゾノ遺跡で噴砂があった直後から誰も住まなくなった。遺跡の調査から激しく揺れたことがわかり、徳島県でも同年代の地震痕跡が見つかっている。南海トラフより沖の銭洲海嶺付近を震源とする地震であった可能性も指摘されている。

これに先立ち、一四九八年六月三〇日、(明応七年六月一一日)に日向地震があった。九州で家屋被害や山崩れ、伊予で地変が記録されている。畿内での地震被害や紀伊半島、東海地方での津波の記録もあるほか、上海の津波や揚子江(長江)の氾濫の記録もあることから、南海地震と連動していたとする説がある。

【約一〇六年おいて】

一六〇五年二月三日(慶長九年一二月一六日)

マグニチュード七・九から八・〇

慶長地震。八丈島、浜名湖、紀伊西岸、阿波、土佐の各地で津波による家屋流出や死者が記録されている。外房や九州南部でも津波被害があった可能性があるとされる。地震動による被害は信憑性のある記録が無く、地震動があったとしても他の南海、東海地震に比べて弱かったと推測されている。地震調査委員会は、二〇〇一年の報告書では南海トラフで発生した津波地震としたが、二〇一三年の報告書では、南海トラフ以外で発生した地震による津波、あるいは遠隔地津波である可能性も否定できないとした。伊豆・小笠原海溝の一部が震源である可能性を提唱する説もある。

これに先立ち、一五八六年天正地震で、飛騨、美濃、伊勢、近江を中心に、近畿、東海、北陸の広い範囲で揺れによる被害があった。一五九六年九月一日夜、慶長伊予地震が発生。三日後に慶長豊後地震、さらにその翌日、慶長伏見地震が発生した。大分、四国、近畿を跨ぐ中央構造線上で連動した大地震との見方がある。

また、この後、一六一一年一二月二日、慶長三陸地震があり、三陸沖よりも北の北海道や千島列島沖の日本海溝を震源とする巨大地震だったとする説もあり、産業技術総合研究所の調査ではマグニチュード八・九とされた。

一六一四年一一月二六日、高田領大地震があった。

【約一〇三年おいて】

一七〇七年一〇月二八日（宝永四年一〇月四日）

マグニチュード八・四から八・六

宝永地震。東海、東南海地震と南海地震が同時に発生したとされている。東海道、伊勢湾岸、紀伊半島を中心に、九州から東海北陸までの広範囲で揺れによる家屋倒壊などの被害があった。土佐で家屋流失一一〇〇〇棟以上、死者一八〇〇人以上となったのをはじめ、九州から伊豆までの太平洋岸と大阪湾、伊予灘で津波被害。死者二万人余、倒壊家屋六万戸余。高知で地盤沈下、室戸岬や串本などで隆起が見られたほか、道後温泉など複数の温泉の湧出停止が記録されている。
これに先立ち、一七〇三年一二月三一日の元禄地震があった。相模トラフのプレート間巨大地震である。また、一七〇七年一二月一六日（宝永四年一一月二三日）、富士山の宝永大噴火があった。宝永地震の四九日後である。

【約一四七年おいて】

一八五四年一二月二三日（嘉永七年一一月四日）

マグニチュード八・四

安政東海地震。東海、東南海地震。四国東部から房総半島にかけて津波があり、特に潮岬から渥美半島までの地域では昭和東南海地震の二倍近い高さで、三重県では一〇メートルに達したところがあった。家屋の倒壊・焼失三万軒、死者二千ないし三千人と推定されている。

一八五四年一二月二四日（嘉永七年一一月五日）

マグニチュード八・四

安政南海地震。九州東部から紀伊半島にかけて津波があり、四国太平洋岸と紀伊半島南西岸で四から八メートルに達した。なお、紀伊半島より東側の被害の様子は東海地震との区別が難しく不確実。高知県久礼で一六メートル、和歌山県串本で一五メートルなど、高い津波の記録もある。死者は数千人と推定されている。余震は九年間記録されている。三二時間前の安政東海地震との連動した地震である。

これに先立ち、一八五四年七月九日（安政元年六月一五日）、伊賀上野地震があり、死者約六〇〇人の被害があった。

また、一八五四年一二月二六日、豊予海峡地震、一八五五年三月一八日、飛騨地震、一八五五年一〇月二日、安政江戸地震で死者約四〇〇〇人、一八五七年一〇月一二日、芸予地震、一八五八年四月九日、飛越地震があった。

【約九〇年おいて】

一九四四年（昭和一九年）一二月七日

マグニチュード七・九

三重県南東沖、昭和東南海地震である。揺れや津波の範囲がこれ以前の東海地震よりも西寄りで狭かった。紀伊半島から伊豆半島にかけての沿岸に津波があり、紀伊半島東岸で六ないし九メートルに達したが、遠州灘では、一ないし二メートルであった。被害は東海地方が中心であり、死者と行方不明者一二二三人。戦時中のため詳細不明で、後になって被害状況が分析されている。

一九四六年（昭和二一年）一二月二一日

マグニチュード八・〇

和歌山県南方沖、昭和南海地震。九州から房総半島南部にかけての太平洋岸に津波があり、四国と紀伊半島では四ないし六メートルに達した。主に九州から近畿までの西日本で被害があり、死者一三三〇人。室戸や潮岬で隆起、須崎や甲浦で沈下が観測された。高知市付近で田園一五平方キロが水没した。約二年前の昭和東南海地震と連動した地震である。

　これらの地震に先立ち、一九四一年（昭和一六年）一一月一九日に、日向灘で地震があり、一九四三年（昭和一八年）九月一〇日には鳥取地震で死者一〇八三人、また南海トラフの二回の地震の間には、一九四五年（昭和二〇年）一月一三日の三河地震で、

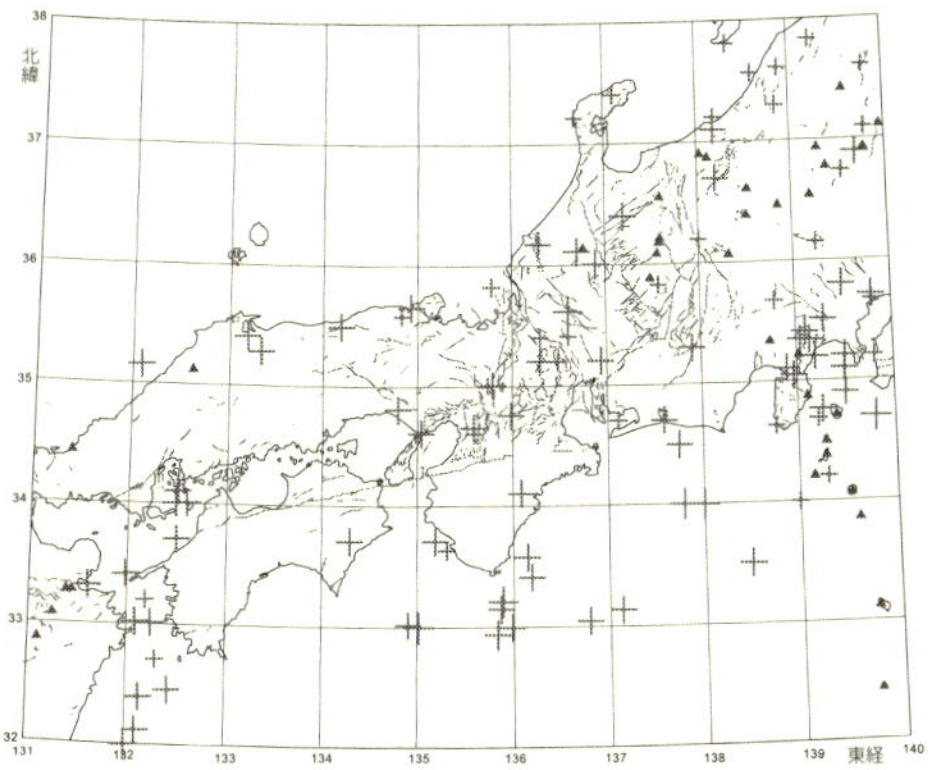

図４　750年から2014末までのマグニチュード6.8以上の浅い地震、主な活断層および活火山の分布。（SEIS-PCで作成）

死者と行方不明者一三三〇六人の被害があった。

また、昭和南海地震の後、一九四八年（昭和二三年）四月一八日、和歌山県南方沖でマグニチュード七・〇の地震、一九四八年六月一五日、紀伊水道で地震、一九四八年六月二八日には福井地震で、死者と行方不明者三七六九人の被害があった。

防災対策

南海トラフの地震の長期予測をもとにして、防災のための国の基本計画を作成し、防災に関する重要な事項を審議する役割を持っているのが、中央防災会議である。中央防災会議は、内閣の重要政策に関する会議の一つとして、内閣総理大臣をはじめとする全閣僚、指定公共機関の代表者および学識経験者によって構成されている。

その中央防災会議が、南海トラフの将来の地震に関して検討するための「南海トラフの巨大地震モデル検討会」を置いて、震度分布、津波高の分析を行った。その発表を受けて、人的、物的被害や経済被害などの推計および被害シナリオを検討し、東日本大震災の教訓を踏まえた南海トラフ巨大地震対策の方向性などについて検討するために、中央防災会議「防災対策推進検討会議」の下に「南海トラフ巨大地震対策検討ワーキンググループ」が設置され、その最終報告が、二〇一三（平成二五）年五月二八日に「南海トラフ巨大地震対策について最終報告」として、概要、本文、資料一（南海トラフ巨大地震の地震像）、資料二（南海トラフ巨大地震で想定される被害）、資料三（南海トラフ沿いの大規模地震の予測可能性に関する調査部会（報告））が、それぞれ公表された。

その本文は、約五〇ページにわたる内容で、「東北地方太平洋沖地震は、これまでの想定をはるかに超える巨大な地震・津波により、一度の災害で戦後最大の人命が失われるなど、甚大な被害をもたらした。このため、南海トラフ地震対策を検討するに当たっては、「科学的に想定し得る最大規模の地震・津波」を想定することが必要となった」という前提で、「関東から四国・九州にかけての極めて広い範囲で強い揺れと巨大な津波が想定されることとなった。特に、津波については、「発生頻度は極めて低いものの、発生すれば甚大な被害をもたらす最大規模の津波」を想定した結果、津波高一〇メートル以上の巨大な津波が一三都県にわたる広い範囲で襲来することが想定されることとなった」としている。

「この南海トラフ沿いで発生する最大規模の地震・津波については、千年に一度あるいはそれよりもっと発生頻度が低いものであるが、仮に発生すれば、西日本を中心に甚大な人的・物的被害をもたらすだけでなく、国内生産・消費活動の低迷、日本経済のリスクの増加を通じて、影響は我が国全体に及ぶことが想像される。」「一方で、南海トラフ沿いの地域においては、これまで一〇〇～一五〇年の周期で大規模な地震が発生し、大きな被害を生じさせており、文部科学省地震調査研究推進本部における長期評価においては、この地域における地震の三〇年以内の発生確率は七〇％程度とされている。したがって、まず、このような地震に対して、引き続き、ハード対策を推進するとともに、ハード対策にかかる時間や、想定被害の地域的特性等に鑑み、ソフト対策も有効に組み合わせて円滑かつ迅速に推進する。」

「また、南海トラフ地震のうち、想定される最大規模の地震（以下「南海トラフ巨大地震」という。）への対策については、前述の対策も活かしつつ、とりわけ最大規模の地震に伴う巨大な津波に対しては、「命を守る」ことを基本として、被害の最小化を主眼とする「減災」の考え方に基づき、住民避難を中心に、住民一人一人が迅速かつ主体的に避難行動が取れるよう、自助、共助の取組を強化し、支援していく必要がある。」

何よりも重要なことは、「我が国が経験したことのない災害になることを踏まえ、予断を持たずに最悪の被害様相を念頭におく必要がある。その上で、事前の備えとして頑強性のある予防対策及び応急対策を検討し、これらの対策を、社会のあらゆる構成員が連携しながら着実に推進することをもって、被害の軽減を図ることが重要である。」という認識であろう。

一人ひとりが命を守るための行動をとることが災害を軽減するために必要な考えであるが、そのためには、地球の仕組み、地震や津波の仕組みを理解して、南海トラフの大地震が近い将来、かならず起こるということを認識することが大切である。

地球の歴史

予告したように、ここでは、少し回りくどい感じであっても、地球の生い立ちから説明してみたいと思う。地球が生まれる前、今から一三七億七千年ほど前に、私たちのいる宇宙が生まれた。それは、私たちの体の基本のリズムである脈拍を一秒に一回として、秒で数えると、四三京五千二百兆秒前ということになる。南海トラフの大地震の繰り返しを、モデルを組み立ててシミュレーションしているのは、京という名のスーパーコンピュータであるから、四三京という数字も、それほど縁の遠い数字でもなく、要するに、宇宙の始まりまでさかのぼって秒単位で数えることも、意外と違和感なく理解できると思う。

さて、その宇宙の中で、今から一四京秒ほど前、太陽が生まれると同時に地球も生まれた。地球の年齢は、四五・四億年ほどと言われている。月ができたのは、地球が生まれて間もなくで、地球に原始惑星が衝突して月が生まれた。

四〇億年前、海ができた。また、花崗岩ができた。そこから、プレートが生まれ、三八億年前には、最古の堆積岩が現れた。二七億年前には、シアノバクテリアが大量に発生した。そして二〇億年ないし一九億年前、最初の超大陸である「ヌーナ大陸」が地球の表面に出現したと考えられている。この大陸が、数億年ほどの周期で、分裂したり集合したりという運動を、全地球規模で繰り返していると考えられている。一〇億年ないし七億年前には、ロディニア大陸が誕生した。六億年前には、ゴンドワナ大陸がロディニア大陸から分裂した。およそ五億四二〇〇万年前から五億三〇〇〇万年前の間に、カンブリア爆発と呼ばれる生物の多様化が起こった。そこに突如として脊椎動物をはじめとする、今の動物界のほとんどの門が出そろったのである。

二億五〇〇〇万年前、ローレンシア大陸、バルティカ大陸、シベリア大陸など、すべての大陸が次つぎに衝突して、パンゲア大陸が誕生した。二億年前、パンゲア大陸の分裂がはじまり、一億八〇〇〇万年前、北はローラシア大陸、南はゴンドワナ大陸に分裂し、ゴンドワナ大陸は、その後、西ゴンドワナ大陸と東ゴンドワナ大陸に分裂した。

一億四〇〇〇万年前、白亜紀、西ゴンドワナ大陸は、アフリカ大陸と南アメリカ大陸に分裂し、その間に今の大西洋が生まれた。また、東ゴンドワナ大陸は、南半球にあって、インド亜大陸およびマダガスカル島と南極大陸およびオーストラリア大陸に分裂した。この分裂によって、オーストラリア大陸では有袋類の独自進化が始まった。

一億年前、恐竜の全盛時代である。六五五〇万年前、生物の大量絶滅があり、白亜紀が終わった。恐竜が絶滅し、アンモナイトも絶滅した。六千数百万年前、インド半島の大部分を占めるデカン高原が、大規模なマグマ噴出によって形成された。そして六五五〇万年前、霊長類が現れた。

四五〇〇万年前、インド亜大陸が北上を続け、ユーラシア大陸に衝突し、ヒマラヤ山脈が形成された。四〇〇〇万年前、南極大陸で氷河の形成がはじまり、地球が寒冷化した。二五〇〇万年前、最古の類人猿が現れ、アルプス・ヒマラヤ地帯で山脈の形成が始まった。二〇〇〇万年前、現存する最古の湖が生まれた。バイカル湖、タンガニーカ湖である。

約一三〇〇万年前、ヒト亜科とオランウータン亜科が分岐し、一〇〇〇万年ないし五〇〇万年前、アフリカでグレート・リフト・バレーの形成が始まり、今、そこでプレートが分かれようとしている。この谷間が、人類誕生に大きな影響を与えた。

六五六万年前、ヒト族とゴリラ族が分岐し、六〇〇万年前ないし四〇〇万年前に琵琶湖ができた。琵琶湖は現存する湖の中で、三番目に古い湖である。

四八七万年（±二三万年）前、ヒト亜族とチンパンジー亜族が分岐した。猿人が出現し、直立二足歩行が始まり、道具の使用があり、石器が現れた。

二五〇万年前、丹沢山地の大爆発があり、やがて、フィリピン海プレートに乗って移動してきた伊豆半島が北アメリカ・プレートの端に衝突して、愛鷹山、箱根、富士山などの噴火が引き起こされ、南海トラフの沈み込みが今の形で始まり、そして、日本列島における、人類の自然災害の歴史が始まったのである。

約七万三〇〇〇年前、スマトラ島のトバ火山の大噴火があり、トバ湖がカルデラ湖になった。最近一〇万年で最大級の噴火であり、地球の気温が数年間三ないし三・五度低下した。そのとき人類の人口が一万人以下に激減して、遺伝的な多様性の多くが失われ、現在の人類につながる種族のみが生き残った。

二万五〇〇〇年前、姶良火山が大爆発を起こした。約二万年前、ウルム氷期のピークで、気温は年平均で摂氏七～八度下がった。これが最新の氷期である。よく最終氷期と言われるが、まだこれからも氷期がやってくるので、最新氷期と呼ぶことにする。その最新氷期では地球上で氷河が発達し、海水面が現在よりも一〇〇ないし一三〇メートル低かった。

この氷期には、ベーリング海峡は地続きになり、ユーラシア大陸からアメリカ大陸に人類が移住んだ。約一万年前頃までに、南アメリカ大陸の南端地域まで人類が到達した。

約一万三〇〇〇年前、温暖化とともに海面が上昇して、日本列島が大陸から完全に離れ、今の形になった。宗谷海峡が海面下に没し、対馬暖流は一進一退を繰り返して日本海に流入した。約一万年前から八千年前の間に、現在と同じような海洋環境になった。この頃、最新の氷期が終わった。

そして、今の日本列島の歴史が書き残される時代になった。西暦四一六年八月二二日(允恭五年七月一四日)、大和付近と思われる地震の記録が、『日本書紀』に登場した。「地震」とあるのみで被害の記述はないが、これが日本の歴史に現れた最初の地震である。次に歴史に登場した地震が、初めての被害地震である。五九九年五月二八日(推古七年四月二七日)、大和の地震である。倒潰家屋を生じた。『日本書紀』にある。

六七九年(天武七年)マグニチュード六・五ないし七・五と推定される地震が筑紫にあり、家屋の倒潰が多く、幅二丈、長さ三千余丈の地割れを生じたという。

そして、四番目に歴史に登場するのが、六八四年の南海トラフの巨大地震である。

このように、一六〇〇年にわたる日本の大地震の歴史が判明しており、先に述べたように、南海トラフの大地震の活動が、今までに九組知られているのである。

要点をあらためて整理して、次のように理解してほしい。

一、地球の歴史の中で、大陸は早くからできていた。それはマントルの対流運動に乗って、いつも地球の表面に浮いており、分裂したり合体したりしている。その運動は、海のプレートの発生、沈み込み、消滅と関係していて、大陸は離合集散を繰り返してきて、今後もそれはしばらく続くことは間違いない。

二、海のプレートが陸のプレートの下へ沈み込むとき、沈み込み口では、プレート間の固着状態に応じて、大地震や、ときに巨大地震が発生する。

三、南海トラフは、そのような大規模な地震の発生するプレート境界の一つであって、定期的に連動性の大地震を発生させる。南海トラフで、そのような現象が起こるようになったのは、今から二五〇万年前、伊豆半島が今の位置で本州島に合体し、フィリピン海プレートが今の運動様式になってからであろうと思われる。

四、フィリピン海プレートは生産される仕組みを持たないプレートなので、今のフィリピン海プレートの運動は、やがてプレートが全部沈み込んだときに終わる。それまでは、しばらくの間、南海トラフの大地震は、ときに巨大地震を起こしながら、繰り返し多様な形で発生する。

五、このような南海トラフの大規模地震が次に発生する時期は、いくつかの科学的な根拠から、西暦二〇三四年から二〇四〇年頃であり、この本では西暦二〇三八年頃であるということとした。いずれにしても、地震は早目に起こると規模は小さくなる。

四五歳のテラさんのアルバム

もう一つ、別の表現で、地球の歴史を語ることを、学生たちへの講義の中で、私は今、試みている。それは、地球の歴史の中での一億年を、ある一人の女性の年齢一歳分に置きかえて、地球を四五歳の誕生日を半歳ほどすぎた女性の人生に置きかえ、アルバムで綴りながら説明するという試みである。

その女性の名は、テラさんという。テラは、ラテン語で地球を意味する。テラさんが生まれた直後に、妹の月、ルナさんが生まれた。

テラさんが五歳のとき海ができた。二五歳の頃から大陸が離合集散を繰り返し、大陸が分裂するとき、海洋底のプレートが生まれ、それが沈み込んで、沈み込み口で巨大地震の発生を繰り返すようになった。

白亜紀、テラさんが四三歳の頃、温室期地球に恐竜が全盛期を迎えた。それがテラさんが四四歳のとき絶滅して、今の時代になった。

テラさんが四五歳になった頃、南極大陸で氷河が生まれ、地球は寒冷化した。フィリピン海プレートが乗せてきた伊豆半島が本州にくっついたのは、四五歳半のテラさんの今日から、つい数日前のことである。それから、今の形の南海トラフの巨大地震の繰り返しが始まった。

このように、地球の歴史を言いかえてみると、その時間の感覚がわかるかもしれない。テラさんの時間の経過から言えば、次の南海トラフの巨大地震は、それこそ明日起こっても不思議ではないと言っているうちに起こることになるのかもしれない。

第二部　次の南海地震に向けて

高知新聞（二〇〇二年四月七日～二〇一四年一〇月一九日掲載）

次の南海地震　近い将来確実に発生

一九四六（昭和二一）年に前回の南海地震が起こったとき、私は六歳半で、高知県香美郡在所村（今は香美市）の谷相にいた。夜中の大揺れを知らずに寝ていて、母が庭に運び出してくれていたが、朝起きたら家のまわりの景色が大きく変わっていた。わが家の土倉は崩れ落ち、庭のまわりの土塀はなくなり、近くの大きな岩はころがり落ちて道をふさいでいた。

このような巨大地震が、また同じようにくり返し起こるということがわかってきて、政府は、「南海トラフの地震の長期評価について」という題で、二〇〇一（平成一三）年九月二七日、次の南海地震の発生に関する報告書を発表した。この長期評価の報告は、二六ページにわたる詳しいものである。その内容はたいへん難しいが、地震の規模はマグニチュード八以上、発生確率は今後三〇年、四〇年、五〇年以内で、それぞれ四〇、六〇、八〇パーセントであるということさえ読みとっておけば、防災対策を進める決断をするには十分だろう。

土佐高校を卒業した高知県出身の地震学者に、高知新聞がエッセイを書くスペースをせっかく下さったのだから、この、次の南海地震のことをやはり書かなければと思った。だからこの話はたぶん何回かにまたがって続くことになる。

地球はプレートという岩盤の板に覆われていて、そのプレートとプレートが出会う境界には巨大な地震が起こり、その動きで大きな山脈などができる。四国もこのような巨大地震のおかげで生まれた。南海地震は、フィリピン海プレートの北端部がユーラシア・プレートの端にある西日本の下に沈み込んでいるプレート境界で起こる。つまり高知のすぐ近くで起こる。

そのプレート境界は南海トラフと呼ばれている海溝で、南海地震というのは、そこでくり返し発生する巨大地震の呼び名である。くり返し発生するので、名前の頭に発生した時代がつく。前回の巨大地震は「昭和の南海地震」といい、その前の巨大地震は「安政南海地震」(一八五四年)、その前は「宝永南海地震」(一七〇七年)というように呼ばれる。

次の南海地震は今のところ「二一世紀の南海地震」というように呼ばれるが、それは二一世紀の前半には確実に起こるであろうと考えられているからである。つまり長期的な観点からよく予測できている巨大地震である。

巨大地震が起こるのはまちがいないとしても、その二一世紀の南海地震が具体的にどのような姿で起こるかは、それほどはっきりわかるわけではない。この南海地震で強い揺れが各地に発生するのはまちがいないし、大津波が発生することもまちがいないが、それぞれの町がどれだけ揺れ、どれだけの津波がくるかということを予測するには、いろいろのケースを想定して計算しておかなければならない。一つや二つだけのモデルの計算結果をもとに被害を想定し、防災対策を進めていると、思わぬ方向に結果がはずれてしまうこともあるであろう。

今確実にいえることは、次の南海地震は、これからの近い将来に確実に起こることがわかっている巨大地震であり、その発生までに何をすればいいかをよく考えてみなければならない地震だということなのである。

活断層性地震にも注意を　「激震が襲う日」シンポから

日本で最初に地震のカタログを編集したのは菅原道真である。それ以来、地震による被害が様々な形で古文書に書き残されている。南海トラフの巨大地震の記述は早くも七世紀に見られ、連動する地震をまとめて一回として、今までに九回知られている。

一九九五年兵庫県南部地震のあと、地震予知連絡会の茂木清夫会長をはじめ、多くの地震学者たちが、西日本は地震活動期に入ったと解説する場面があった。西日本の一定の地域に限って見ると、地震活動期と静穏期があるということが知られている。その現象は歴史地震資料によって確認される。

日本全体では、一〇〇年以上の期間で見ても、地震の活動期や静穏期は見られないが、西日本の一部である京阪神などの地域に限ると、地震の活動期が見られる。歴史地震のデータをもとに、巨大地震の発生前後に、ある地域で地震活動が集中して発生することがあるということが指摘されたのは、一九七〇年頃で、南海トラフの巨大地震を含む日本のいくつかの巨大地震について、その発生前の数年から数十年間に巨大地震の震源域で地震活動が低下し、かつ周辺地域で地震活動が高まるという現象があることがわかった。この現象は、地震の分布図の形から、ドーナツパターンと呼ばれた。南海地震を囲むように北側の内陸部に、半分のドーナツではあるが、西日本にも巨大地震の前にこのパターンが発生する。

京都とその周辺地域の過去の地震の発生を調べると、南海トラフの巨大地震の前の数十年間に、地震の発生が集中する傾向がある。南海トラフの地震前後とそれ以外の期間とを比べると、南海トラフの巨大地震の前五〇年間と、巨大地震の後一〇年間に発生したM（マグニチュード）六・五以上の被害地震の発生率は、それ以外の期間の地震の発生率の約四倍も高い。また、活動期の長さは、南海トラフの巨大地震の時間間隔に関係なく、次の南海地震の約五〇年前から多くなる。つまり南海地震の発生時間間隔が長いときには内陸地震の静穏期が長くなる。

二〇〇二年五月一二日（日曜日）、讀賣テレビ主催の「激震が襲う日」というシンポジウムが大阪で開かれ、内閣府の奥山防災担当政務官らとともに、わたしも防災の専門家として出席、さらに木村和歌山県知事、太田大阪府知事、貝原前兵庫県知事も参加した。会場には数百人の市民が参加した。そこでも、南海地震とその前に起こる内陸地震のしくみを話した。シンポジウムの内容は二時間半に編集されて後日放送された。

活断層運動で大地の隆起と沈降があるからこそ、平野や盆地ができて、そこに大きな都市が生まれた。これが近畿の地形の特徴である。だから南海地震がやがて起こるが、その前に近畿の知事さんたちのいる、いずれかの街の直下に活断層性の地震があるということになる。貝原さんの所はもう起こって済んだ。

高知市の下には活断層はないが、高知県の北に接して中央構造線の活断層がある。また、南海地震は確実に起こる。高知県はもちろん、広域の知事さんたちが情報を共有しつつ国にも働きかけて、西日本の地震活動期に備えてほしいというのが、その放送に参加した私の願いであった。

東南海・南海地震対策特別措置法　具体的な備え始めるとき

二〇〇二年五月一二日の読売テレビのシンポジウムの後、和歌山県知事の木村良樹さんたちの行動はすばやかった。五月一七日には与党三党の幹事長に要請し、それを受けて保守党が「東南海・南海地震対策特別措置法案骨子」をまとめた。

六月一三日には与党のプロジェクトがスタートし、一九日には法案が衆議院に提出された。法案の審議も速かった。衆議院の災害対策特別委員会を経て、七月一六日には衆議院に緊急上程された。

この秋に出版するつもりの本の序文を考えている最中に、保守党の幹事長、二階俊博さんから私の研究室に電話があって、議員立法で提出されていた法案が可決される見通しだと言われた。「地震に関する観測・測量のための施設等の早急な整備を図るとともに、東南海・南海地震における地震予知の重要性に鑑み、予知に資する科学的な技術水準の向上に努めること」という内容が付帯決議に入れられることになったということも教えてくれた。この付帯決議は、大学などの基礎研究としても、かならず起こる巨大地震を観測するまたとない機会を活かすためにも重要である。

その後、七月一九日には、シンポジウムの企画からずっとこの問題を担当してきた読売テレビ報道局の山根順さんから「本日午前、参議院本会議において、全会一致で東南海・南海地震対策特別措置法が可決成立しました。成立後の会見で保守党の二階幹事長は、「京大をはじめ、地震専門の研究室から、大変なご声援、ご意見を頂戴したこともありがたく思っています」と発言されました。取り急ぎ、ご連絡まで」という電子メールが来た。山根さんたちは、ずっと地震情報の報道を続けている。震災を軽減するためにという願いで、市民やマスメディアの方々をはじめ、皆さんが懸命に働いているのを見ると、地震学者も頑張らなければと思った。

法律には「国は、推進地域における地震防災対策の推進のために必要な財政上及び金融上の配慮をするものとする」とある。この法律が施行されると、当然ながら次の南海地震に対する高知県での防災対策も進むことになるはずである。

以前、高知のテレビ番組で南海地震についての私の解説に対して、高知県知事の橋本大二郎さんは、県の力だけではなかなか進まないので「尾池先生にも国に対して発言してもらって…」というような意味のことを述べられたのをよく覚えている。そのときは「人ごとみたいな言い方」とは思ったが、私も何とか法律ができるところまで働きかけてきたので、こんどこそ、高知県民のために、かならず来る南海地震に対する備えを具体的に始めるよう、県外に潜在する高知県民の一人として、あらためて橋本知事にお願いしたい。

いうまでもなく備えなしに巨大地震の発生を迎えれば、そのときの被害はそれだけ大きくなる。備えのほとんどなかったであろうと思われる終戦直後に起こった南海地震では、激しい強震動に続いて、高知、徳島、和歌山、三重などの沿岸を、高さ四ないし六メートルの津波が襲い、死者一三三〇人、全壊一二三四八という被害があった。

幕府を揺るがした南海地震　地盤沈下に大津波が来襲

昭和の南海地震は、くり返し起こる南海地震の中では比較的小ぶりの方だったかもしれない。その前の安政の地震の方が大きく、さらにその前の宝永の方がもっと大きかった可能性があり、次の南海地震も昭和のそれよりは大きいかもしれない。参考のために、安政や宝永やさらにその前の慶長の南海地震のことを、宇佐美龍夫「新編日本被害地震総覧」を参照して少し紹介しておきたい。

江戸幕府は一六〇三年から一八六七年まで、一五代二六四年間続いた。その間に、これら三回の南海トラフの活動が、ときには同時多発した江戸の地震や富士山の噴火などの大規模な自然現象とともに、江戸幕府に大きな影響を与えたのである。

一六〇五年二月三日（慶長九年一二月一六日）の巨大地震は、二つの地震が続いて起こったものと考えられ、土佐でもたくさんの死者があった。津波の高さは阿波の鞆浦で約三〇メートル、宍喰で約六メートルという記録が見つかっている。

一七〇七年一〇月二八日（宝永四年一〇月四日）の地震は「宝永地震」と呼ばれ、日本の最大級の地震の一つである。この地震による激震地域、津波来襲地域は、一八五四年の安政東海地震と安政南海地震を併せたものによく似ている。二つの巨大地震がほとんど同時に起こったのかもしれない。その後、一一月二三日に富士山が大爆発して宝永火口ができた。全体で少なくとも死者二万、津波が紀伊半島から九州までの太平洋沿岸や瀬戸内海を襲った。津波の被害は土佐が最大であった。種崎では一木一草も残らなかった。室戸、串本、御前崎で土地が一ないし二メートル隆起し、高知市中西部では約二〇平方キロが最大二メートル沈下し、船で往来したという。

一八五四年一二月二四日（安政元年一一月五日）の安政南海地震は、安政東海地震の三二時間後に発生し、近畿付近では二つの地震の被害をはっきりとは区別できない。被害地域は中部から九州に及ぶ。津波が大きく、波高は久礼で一六メートル、種崎で一一メートルなどであり、死者は数千であった。室戸、紀伊半島は南上がりの傾動を示し、室戸岬で一・二メートル隆起し、甲浦では一・二メートル沈下、高知市付近は約一メートル沈下し浸水した。

昭和のときにも、室戸は一・二七メートル上昇し、須崎や甲浦では逆に約一メートル沈下し、高知市付近では田園一五平方キロが海面下に没した。

このように、巨大地震が起こって、強震動で弱っている堤防などがあるとそれが破壊され、高知市あたりは同時に地盤が沈下して、そこへ大津波がやってくるという筋書で防災対策を立てることが必要だと歴史の記録が示している。

一九九九年度に高知県が実施した「高知県津波防災アセスメント調査」では、県に予測される最大規模の津波を想定した。高知市はそれをもとに、水門を開いていた場合や閉じた場合について、津波による浸水域を予測した地図を作った。ここでは、安政の地震で、市全域が約一メートル沈下した場合を想定している。地震発生後三〇分ほどで津波の第一波が高知市に到着し、波の高さは最大八メートルになるという予測である。

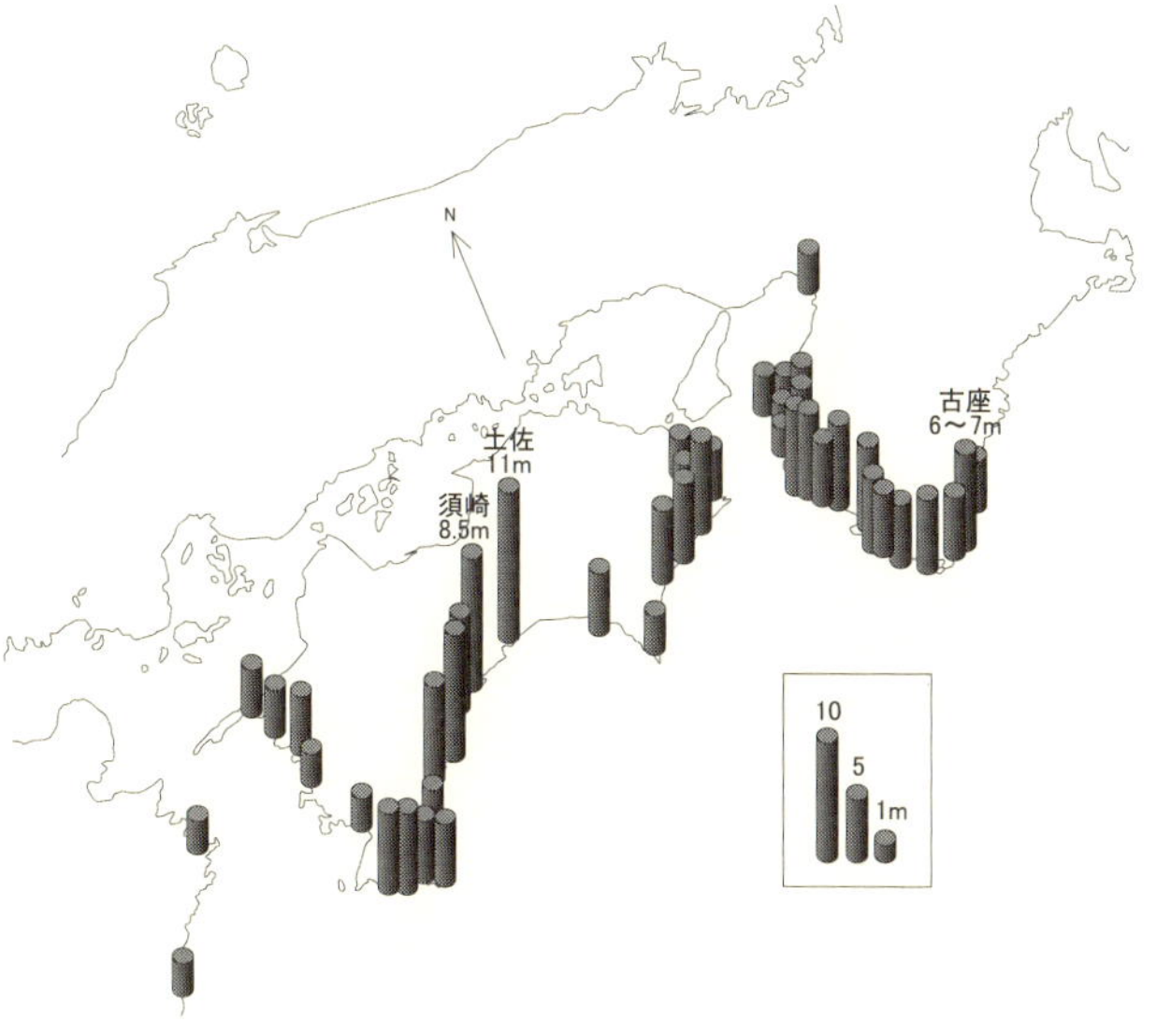

図5　1854年安政南海地震による各地の津波の高さの記録

南海地震にまつわる謎　前兆現象の仕組み解明を

次の南海地震が起こるまでに研究しなければならない課題がたくさんある。一般に研究のためには、有能な人材と充分な予算と研究を実行する場所がなければならない。その上に研究対象によっては研究支援のためのしくみが必要である。

南海地震の発生を近い将来に迎えるとわかっている日本の現状を見ると、まず研究を進めるための科学者や機関が足りない。それは、もともと明治の近代化の設計図の中で、地震や噴火や津波という現象が、日本列島では気象現象と同じように、重要で大規模な自然現象だという認識が欠けていたことに起因すると思っている。国の近代化にあたって、ヨーロッパの安定大地の文明を輸入したために、動く大地の現象の観測と解析と予測に力を入れるシステムが育てられてこなかったことが影響している。

もし、国に「地震・火山庁」というような、気象庁と同じように数千人の職員を持つ機関があれば、その分野の人材を養成し、研究と教育を進める機関も、幅広く展開して、地下の現象の情報を市民に伝えるしくみもできていたであろう。

南海地震に関連していくつかの、まだ解明されていない課題を挙げてみよう。最も重要なことは、南海トラフの巨大地震の発生にともなう、広域の前兆現象観測体制を早期に整備して、巨大地震の前兆現象の観測を実施し、前兆現象のしくみを解明することである。そのデータをもとに世界の地震予知研究が大きく前進する。この機会に日本は世界の地震研究に貢献するため、あらゆる種類のデータをしっかりと残す義務がある。紀伊半島や四国の沖にある海溝、南海トラフを中心にして、海底の動きを測り、地震を観測し、電流を測り、化学物質を採取し、海溝で何が起こるかを、しっかり記録することが重要である。それによって次の南海地震の前に予報を出すという成果も得られるかもしれない。

南海トラフの地震に関して不思議なことがある。南海トラフの巨大地震が起こる月は、九月から三月にかけて冬に多いという季節性があることが前から知られていて、私も「日本地震列島」（朝日文庫）に詳しく紹介したことがある。

この性質に関して国立天文台教授の日置幸介さんの論文がある。毎年八月から一〇月にかけて、太平洋岸の潮位が、平均して二〇センチほど高くなり、その重みがプレート境界を押しつけるので、地震の発生を抑制することになるという考えである。潮位が元に戻りはじめると重みが減って地震が起こりやすくなるという。

安政時代の一八五四年の二つの巨大地震も、一九四四年と一九四六年の昭和の二つの巨大地震も一二月に起こった。このような季節性のしくみが解明されると、南海トラフの巨大地震に対する震災軽減対策にも参考にすることができるだろう。毎年秋からは緊張が続くが、半年を何とか乗り切ると、ほっとして桜の季節を迎えるということになる。ただし地震はいずれ起こることは間違いなく、遅くなるほど規模が大きくなることは忘れてはならない。

もう一つの課題は、歴史上まだ史料が発見されていない未知の南海地震があるかもしれないということである。地震考古学という分野がこの問題に挑んでいる。

地震の被害想定について　シナリオをもとに算出

二〇〇三年四月一七日、中央防災会議の専門調査会が、次の東南海・南海地震による被害想定をまとめて発表した。その日は、読売テレビで「月刊地震ファイル」という定期のニュースが夕方放送されることになっていて、この被害想定もそのニュースの大きなテーマになっていた。この放送は、毎月一七日に過去一か月の地震の活動状況を解説し、また地震に関する話題を紹介するコーナーで、私もかならずコメントすることになっている。

また、毎日放送でも同じニュースを取り上げた。こちらでは、私が「もし地震が起こったらという被害想定ではなく、必ず起こることのわかっている地震の被害想定です」とコメントした。また「その前に都市部を襲う内陸の活断層性の地震の方が怖いのです」と念を押した。同じ一七日の夜は朝日新聞大阪本社で、朝日関西スクエアのメンバーにこの被害想定の持つ意義を話した。その内容は翌朝の朝刊にコメントとして載った。

一般に、地震の被害想定には、シナリオになる地震がある。もしこの地震が起こったら、というシナリオをもとにして被害を算出する。しかし、今回発表されたこの被害想定には、いくつかの大きな特徴があって、第一の特徴が、「もし起こったら」ではなく「かならず起こる」地震がシナリオになっている点である。今すぐではないが、今から三〇年から四〇年ぐらいたった頃には、間違いなく起こるという、しかも巨大地震である。

第二の特徴は、東南海地震と南海地震という二つの地震による死者の数などの被害想定が、都道府県別に初めて発表されたことである。

発生する地震を予測するためには、発生する地震の仕組みと地下の深い所の構造がわかっていないといけない。南海トラフで起こる巨大地震の震源断層の仕組みと周辺の構造がわかってきたので、地震がどのように発生して、そこから生まれた地震の波がどう伝わるかということが計算できるようになった。

どれだけ揺れるかは足元の地盤の構造がわからないと予測できないが、調査が進んで大都市のある平野部の地下構造がわかってきた。さらに、被害を予測するためには、社会状況のデータが必要であるが、これらがかなりそろってきた。

これからの課題がまだまだある。今回の都道府県別の発表によって、被害が少ないと発表された地域が安心してしまうようになると困る。また、被害が大きいと予測されていても、国が発表したのだから、都道府県としては、予測の仕事はもうしなくてもよいという認識があると困る。県全体としては被害想定が出ているのだが、さらに市町村ごとや地区ごとに細かくデータを出す必要がある。それがあって初めて自治体の認識が深まり、住民の意識も高かまってくる。

さらに中央構造線から北は活断層帯で、それらが活動中である。南海地震までにいくつかの内陸地震が先に起こる可能性が高い。活断層帯がほとんど足下にない高知県はいいとしても、京阪神の活断層帯が忘れられると困る。もっとも高知県でも北の中央構造線が動くと山間部の斜面などに大きな被害が出る。

中山間地の震災対策　居住の安心を大切に

第二回居住福祉推進フォーラムという集まりが二〇〇三年五月一一日に高知会館で開催され、私も参加した。早川和男さんの基調講演「二一世紀の課題・居住福祉」を聞いた。早川さんは日本居住福祉学会の会長で、安心して生きるのは人の基本的な権利であるという考えで、この学会は二〇〇一年に設立された。

基調講演では、安全に安心して住むということは、生きること、暮らすことの基盤であるという観点から、様々の話題が提供された。日本では地震と震災と居住は切り離せない問題であり、かならずおそってくる南海地震がある以上、このフォーラムを高知で開催するのが適していると考えたという。

早川さんは阪神大震災を経験した。この震災のときの死者のうち、家の倒壊による死者が八八%、火災による死者が一〇パーセントだったという。このことから、古い家に住み続けて行われる「在宅福祉」などの問題が提起された。また、震災が発生した後で作られた神戸の仮設住宅の多くが、不便な場所にあったことなども紹介され、住むということの大切さを考えなければならないと述べられた。

パネルディスカッション「中山間地・すまいとくらし・居住福祉の展開」に、パネリストとして私も参加した。この日、雨の中であったが、一五〇名ほどの参加者があった。村田幸子さんの司会で議論が進められた。「二一世紀の大きな課題として住まいの安心、居住の安心がないということが浮かび上がってきたと考えています」という司会の出だしであった。

まず、高知県の中山間地とはどのようなものかを橋本大二郎さんが説明した。五つの関連法律があり、その対象になるのが「中山間地」という定義で、それには海沿いの地域も含まれる。高知県には五三の市町村があり、四つを除いて中山間地である。人口の四〇%あまりが面積二%の高知市に集中し、その裏返しが中山間地で、そこには過疎と高齢化から起こる問題があるという。

高知県政策総合研究所の谷本信さん、徳島県相生町日野谷診療所の濱田邦美さんの話に続いて、私は三つのことを話した。第一は、高知に起こる震災に、南海トラフの巨大地震と大津波によるもの、中央構造線活断層の地震による強震動で起こるもの、中規模地震によるものがあるということ。第二は、南海地震はかならず起こる巨大地震だということ。「中山間地」に海辺や離島が含まれるのであれば、南海地震津波も「中山間地」にとって大変な課題になる。第三に、日本は変動帯にある国だということを強調した。山、里、平野、海辺があるのが特徴で、高知市に集中した四〇％の人が、上流の人びとを支えるのは当然だという考えが必要だと思う。高知県には、森林率が全国一という特徴がある。森は雨水を貯め水を供給する。これは二一世紀の国民的課題にかかわる特徴であろう。

村田さんは、鳥取県西部地震の経験から震災によって住民がいなくなる恐ろしさを指摘した。鳥取県では人が離れないために様々の支援を考えた。中山間地には高齢化の現象はあるが、元気なお年寄りが多い。その人たちが元気でない高齢者を支える仕組みが必要なのだという議論が、この日、私の印象に残った。

必要な津波の知識　次の南海地震の想定に

南海地震が起こると、大津波が発生して西日本の南海岸を中心に被害が出る。その津波の様子を知るには、過去の南海地震のときの記録に学ぶのも一つの方法であるが、同じプレート境界に繰り返して起こる南海地震ではあっても、その起こり方は毎回かなり異なっている。津波の起こり方も異なり、海岸に押し寄せる津波の様子も異なってくる。とくに前回の昭和の南海地震では、津波の規模がやや小さかったので、そのときの記憶だけで次の南海地震のことを考えるのは危険である。ここでは津波のことを考えてみたい。

海の波にはさまざまの波がある。いつも見かける大波小波、波乗りの波、熱帯低気圧のときにある高潮、海底噴火や地震や海底地すべりで起こる津波など、たくさんの種類の波の姿をすぐに思い浮かべることができる。これらの波にはそれぞれに特徴があり、それに応じて海水の動き方が異なる。そのことをまず理解しておかないと津波の恐ろしさに気づかないことになる。

海に浮かんでいる木片をよく見るとわかるように、波がはるか沖から浜辺まで押し寄せてきても、木片はその場所で海水面に浮かんで運動しているだけである。つまり、波というのは、エネルギーが沖から浜辺まで運ばれてくる現象であって、水そのものが流れてきているのではないということがわかる。

波に運ばれてきたエネルギーが渚までやってきて、波の乱れを生んで海草を打ち上げたり、砂を掻き回したりするエネルギーに変わる。小さい波では海面に近い水だけが数メートルの範囲で動いているが、津波の場合には波長が長く、波の進む方向に沿って前後に、大きく一キロも動く。上下にも大きく動くから深い所まで動く。それだけ津波は大きなエネルギーを運んでくるわけである。

南海地震が発生した場合の津波を、震源モデルからコンピュータで計算した結果は、画像でも見ることができるようになっているが、そのデータをくわしく分析して波の様子を見ると、まず、山から次の山までの距離（波長）は、五〇キロほどもあることがわかる。また、一点の上下運動の時間は五〇分にもなる。この時間を津波の周期という。つまり南海地震の津波は周期五〇分の長波であるということになる。

このような長波は、こまかい地形などには影響されずに伝わり、海岸では効率よく反射するという性質を持っている。また海の深さが深いほど速く進む。その結果、波は海の等深線にほぼ直角に進むことになる。だから、島があると周囲から島を取り巻くように大波が押し寄せ、湾があると湾の形に沿って波の先端が曲がって押し寄せてくる。言いかえれば、島でも湾でも、広い範囲にわたって波はほぼ海岸に同時に押し寄せることになる。

海岸に押し寄せた波は反射してまた沖へ進んで行くので、入り江や日本海のような沿海では複雑な伝わり方となって、波が行ったり来たりを繰り返し、津波の規模が大きなときには何時間も波の押し引きが続くこともある。

めったにないが確実に起こる次の南海地震に備えて、津波の研究と対策は今後もどんどん進めてほしい。そして、以上のような津波の最新の知識も、市民にしっかり伝わるような仕組みが必要であろう。

須崎市の防災活動　ふれあい高新の行事から

二〇〇三年一〇月三〇日から一一月三日まで、高知新聞社は「第十回移動高知新聞ふれあい高新」を須崎市で開催した。高知の人たちには「須崎といえば鍋焼きラーメン」というので知られる須崎市である。この行事の中で、南海地震に備えるということも大きなテーマの一つになっていた。

三一日の昼には、高知大学の岡村真教授が、須崎市の南地区住民とこの地域を歩いて、防災の体制を実地に点検するという行事が行われた。高知県には防災教育モデル校がある。須崎市の南中学校もそのモデル校で、中学生たちが実地点検に参加し、保護者や前回の南海地震を体験したお年寄りたちと一緒に歩きながら岡村教授の話を聞いた。歩いたルートには、昭和の南海地震の「震災復旧記念碑」が防波堤に沿って立っている場所もある。

三一日には、東洋の魔女たちも、この「ふれあい高新」に参加するために高知へ来た。一九六四年の東京オリンピックで金メダルに輝いた女子バレーボールの選手たちである。その日、追いかけるように私も高知空港へ着いて、同じ日の夜、須崎市民文化会館で「次の南海地震に備える」という題で講演した。

さらに一一月一日には、土佐民話の会主宰の市原麟一郎さんが、地震や津波の恐ろしさと、災害に備えることの大切さとを、紙芝居で語って聞かせた。

三一日夜の私の講演には、月末で週末の夜であるにもかかわらず、たくさんの参加者があった。私はそこで、地震の仕組みと、予測される高知と西日本の二一世紀前半の地震活動の特徴を話した。これからも西日本のいくつかの活断層が動いて、都市直下の大規模地震を起こすであろう。その後、二〇三〇年から四〇年頃には西日本の地震活動期のピークとして、南海トラフに沿うプレート境界の巨大地震が起こる。それが次の南海地震であり、マグニチュード八クラスの巨大地震になる。高知県のすぐ北には中央構造線活断層があり、南にはフィリピン海プレートが潜り込むプレート境界がある。それらの活動に備えて震災の軽減をはからなければならない。

須崎市は、一九九五年五月三一日に「南海・チリー地震津波録、海からの警告」という一五二ページの単行本を発行した。まず口絵の九ページにおよぶモノクロ写真が、津波の跡をありありと見せてくれる。第一章は「海からの警告」で、津波を体験した多くの方たちが、生の声でその体験を語る。「増刷発刊にあたって」という序文を寄稿した須崎市長梅原一さんは「本書が、須崎湾に建設中の津波防波堤とともに、必ず起こり来る次の地震津波から皆さんを守る一助になるよう活用されることを期待します」と述べている。

第二章は「須崎の地震津波」、第三章は「津波の解説」で、これらは、徳島大学工学部教授の村上仁士さんが書いた。

須崎市の津波の痕跡は、史実から学ぶために専門家もたびたび訪れる。例えば、一九九七年から始まった「東海・東南海・南海地震津波研究会」は、第十回研究会（現地調査）で、一九九九年に、徳島県海南町から高知県須崎市を訪れた。海南町、穴喰町、夜須町、香我美町、土佐宇佐町、須崎市というルートで津波の跡を見学し、須崎市では須崎港津波防波堤を訪ねた。

津波の対策　避難場所と警報の整備を

二一世紀の前半に想定される東南海地震と南海地震では、西日本の南側の地域で強震動が予想されるが、同時に大津波がおそってくることも想定される。朝日新聞社は自治体にアンケートして、大津波への対応を調べた。その回答を分析した記事（二〇〇〇年一月一五日）によると、多くの自治体が様々な形で問題をかかえていることがわかる。沿岸部自治体の避難訓練実施率は、静岡、三重、和歌山、高知各県で一〇〇パーセントと高い。また、いくつかの町では、津波に備えて、絶壁の階段、避難タワー、人工地盤、高台への通路、防災無線などが整備されていることもわかる。

和歌山県の白浜には、京都大学の施設もある。フィールド科学教育研究センターの瀬戸臨海実験所や防災研究所の白浜海象観測所である。これらの施設でも、もちろん津波や強震動に対する備えをしておかなければならない。海岸にある白浜署では、津波の高さを四メートルとすると、三階建てのビルの一階部分が完全に水没するという。地震動が始まってから津波が来るまでの時間は、この場合約一七分であり、標高一〇〇メートルの安全な所にある白浜空港の派出所までは徒歩で三〇はかかるという。

朝日新聞の調査では、防災対策推進地域の沿岸にある自治体のうち、津波で浸水の恐れのある市役所や役場は少なくとも二五にのぼっているという。

高知では、桂浜の対岸の種崎は、太平洋に面して海水浴場があり、私も高知にいたときにはときどき遊びに行ったことを覚えている。もちろんその頃とはずいぶん景色が変わったが、基本的に津波が来る場所であることには変わりはない。浦戸湾に面して港があり、今では桂浜へ渡る橋もある。南海地震による強震動から津波の到着まで三〇分ほどで、その間に高台に逃げないといけないが、そのためには高いビルなどを建設しておかなければならない。高知市内でも最も津波に対して危ない地域だと言われている。ここで予想される津波の高さは八メートルである。

津波の被害を避けるためには、警報が重要である。一般的に、実際に現象が起こってから、すぐにそれを物理的にとらえて、すばやく分析することによって、そこから伝わってくる現象を予測すると、精度の高い予測ができることが多い。それは地震についても同じである。大地震が発生すると地震波が伝わってきて地表が揺れる。その地表の強震動を地震発生後ただちに予測して、地震波の到着よりも先に、高速で動いている電車を止めたり、ガスを止めたりすればかなり事故が防げる。とくに津波は、地震波よりかなりゆっくり伝わってくるから、そのような予測による警報で、安全な高台まで逃げることができる時間的な余裕がある。

また、高知県の沖では、南海地震に備えてブイを設置し、ＧＰＳを利用してブイの動きを検出し、震源の近くで発生した津波を判断して警報を出すという実験も期待される。台風もやってくるような荒海で実験が成功すれば、世界の海で使えるようになり、遠方のチリから太平洋を渡ってやってくる津波の警報にも使える。

南海地震の歴史　世界一詳しい史料

山内一豊から数えて一八代目の山内家の当主であった山内豊秋さんは、二〇〇三年九月二九日に九一歳で亡くなった。告別式で喪主をつとめた豊功（とよこと）さんは、私と同年の生まれである。私は第六小学校に通った頃、高知市鷹匠町の山内家の長屋に祖父母と三人で住んでいた。そのとき、豊功さんは広大な敷地の中の、塀に囲まれた大きな屋敷の中に住んでいて、別世界の人であった。

私の家の隣には郷土史家の平尾道雄さんが住んでいた。古い本が高く平積みにされ、お灸のツボを描いた人体模型があったりする部屋の中で、平尾さんはいつも書物に向かっていた。山内豊秋さんは、この平尾さんの教えも受けて、山内家を中心とする土佐の歴史を研究し、平尾道雄さんらが編修した土佐藩史「山内家史料」を刊行した。山内一豊は愛知県の掛川から土佐へ渡った。「掛川から土佐へ」という本を豊秋さんが著した。また、一万点余りの史料を県へ寄贈した。長曽我部地検帳や坂本龍馬の手紙なども含まれているという。

参勤交代の道は、大豊町立川から県境の笹ヶ峰を越えて、愛媛県新宮村を経て川之江市へ行く。

豊秋さんはその道を、一九八三年に、山内容堂以来一二〇年ぶりに歩いてみて、沿道の人びとに歓迎されたという。

山内家が土佐藩を治めた江戸幕府の時代は、一六〇三年から一八六七年まで続いた。その間に三回の南海トラフの活動があった。ときには江戸の大地震や富士山の噴火もともなって幕府の政治に影響した。

山内家は一五八四年から八五年まで滋賀県長浜市で五〇〇〇石の領主だった。短い期間、若狭高浜へ行った後、また長浜で一五九〇年までいた。一五八六（天正一三）年の地震が起こり、一豊の娘、与禰姫が震災で圧死した。この地震を起こした震源断層はまだよくわかっていない。秀吉はこの地震を体験したので、伏見の城を建てるときに地震に気をつけるようにと手紙を書いたが、一五九六年の大地震で、その伏見城の天守閣が倒壊した。

その後、一六〇五年、南海トラフのプレート境界に巨大地震が起こった。慶長の南海地震で土佐にも被害があった。このときには東の相模トラフも同時に動いた可能性があると言われている。これらの一連の地震は西日本の地震活動期の地震である。

西日本には、その後の静穏期を経て、一七〇七年、一八五四年、一九四四年と四六年に、それぞれ南海地震をともなう巨大地震が起こった地震活動期があった。江戸幕府以前にさかのぼると、一四九八年の巨大地震がある。古文書の分析からは東海沖の地震だけが認識されているが、遺跡調査からは南海地震もあったようである。その前は、一三六〇年東海地震と一三六一年南海地震、さらに一〇九六年東海地震と一〇九九年南海地震、その前は、八八七年の南海地震である。古文書で確認される最古の南海地震は六八四年である。東海地震も起こったかどうかは、はっきりしていない。寒川旭さんによれば、考古学の遺跡から推定すると、まだ他にもあって、時系列の隙間を埋める巨大地震が見つかるかもしれないという。

幕末の地震活動期　坂本龍馬の生涯とともに

京都では、ドラマの影響で最近は新撰組の旗をよく見かける。高知出身の私は新撰組の旗を見ると坂本龍馬のことを思い浮かべる癖があり、なぜか新撰組の旗に反発を覚える癖があって、これはどうしようもない。

坂本龍馬は、一八三六（天保六）年から一八六七（慶応三）年までを生きた。一八六六年、龍馬の斡旋で、京都で木戸孝允と西郷隆盛が会い、薩長同盟が結ばれた。その後、山内豊信を説いて土佐藩の大政奉還を実現させたというような歴史もついでに思い浮かべる。

京都の近江屋で中岡慎太郎と共に暗殺されたが、坂本龍馬は誕生日と命日が旧暦で同じ一一月一五日であるのも知られている。坂本龍馬も新撰組も、司馬遼太郎の小説で一段と知られるようになった。「竜馬がゆく」「菜の花の沖」「燃えよ剣」「新選組血風録」「翔ぶが如く」と、たくさんの小説に江戸末期から明治維新までが描かれる。京都を歩いているといろいろな場所に龍馬と新撰組の由来が見られる。

龍馬が生きた江戸末期も、西日本の地震活動期であった。その時代の西日本の地震のことを、あらためてここにまとめておいて、幕末の歴史を読むときに比べてみると、社会の様子がわかっておもしろいかもしれない。ここでは、京都を中心に、幕末の大地震による揺れを書いておくことにする。

まず、一八一九（文政二）年の近畿中部から愛知県にかけて揺れた、マグニチュード（M）七・三の地震である。琵琶湖の周辺、木曽川下流で被害が著しかった。近江八幡や彦根で家が壊れ、死者も多かった。

一八三〇（天保元）年の京都および隣国に被害のあった地震は、M六・五で、京都での死者は二八〇名と言われる。

一八四七年（弘化四）年には、M七・四の善光寺地震があり、死者は一万三千名にのぼった。善光寺御本尊開帳があり、全国からの参詣者が集まっていた。

近畿では、一八五四（安政元）年の夏にM七・三の伊賀上野地震が起こった。死者は一五〇〇名であった。六月一二日頃から前震があり、一五日一時前後に本震、七時前後に最大余震があったようだ。

これらの内陸地震が続いた後、南海トラフの巨大地震が起こった。一八五四（安政元）年、M八・四の安政東海地震があって、死者は三千名ほどあったと思われる。震害の最もひどかったのは沼津から天竜川河口に至る沿岸で、津波は房総から土佐の沿岸を襲った。下田では停泊中のロシア軍艦ディアナ号が沈没した。

この東海地震の三二時間後に安政南海地震が発生した。津波の波高は串本で一五メートル、また以前にも述べたように、高知では、久礼で一六メートル、種崎で一一メートルなどであった。被害を東海地震によるものと区別することは難しいが、潮ノ岬以西の津波の被害は、おおむね南海地震によるものと判断されている。

この後、西日本はしばらく静かで、次の活動期の始まりは、いきなりM八・〇の内陸巨大地震、一八九一年の濃尾地震であった。

紀伊半島沖の地震　活動期の歴史をたどる

二〇〇四年九月五日の紀伊半島沖の地震は、直後の専門家の見方を新聞などで見ていると、「前例がない」という見方が多かったように思う。科学者であっても、夜中に突然電話で取材されると、うっかり「前例がない」と発言して、あとで「しまった」と内心思っている人がいるにちがいない。本当は「前例を知らない」ということなのであろう。私の場合は、昭和の南海地震の数十年前にも似たような地震があったと思うというコメントをしたのだが、この「似たような」の意味は少し説明が必要だ。

問題は地震の起こった場所である。かなり東の方まで入れると、沈み込んだ太平洋プレートの中のやや深い地震が、一九一五年に起っている。マグニチュード六・九で深さ二〇〇キロである。さらに今回の紀伊半島沖に近い所でも一九一七年にマグニチュード六・〇の地震が起こっている。これらはやはり、今回の地震が、いずれ起こる次の南海地震をピークとする西日本の地震活動期の地震であるのと同じ意味で、前回の活動期の地震であると思っている。南海トラフを境として二つのプレートが押し合いをしているのだから、前回の南海地震から、南海地震の繰り返し期間の半分程度が過ぎれば、両方のプレートにストレスが溜まって来る。すると、昔から地震を繰り返している陸側では活断層が動き、どんどん潜り込んでいく海側のプレートでは新しい割れ目ができて大地震を起こす。だから陸側では予想できる活断層に起こるが、海側では起こってみないと場所の予想はできない。九月五日の地震は海側で起こった。

昭和のもう一つの前の活動期、つまり安政の東海、南海地震をピークとする活動期にも、やはり最初の段階で紀伊半島沖に地震が起こったということが、東京大学地震研究所の都司嘉宣さんたちによる報告でわかった。都司さんは古文書と津波のことを得意とする研究者である。

小さい津波を伴った地震が一八〇八年一二月四日に起こっているのを見つけて詳しく調べた。紀伊半島から四国にかけて一二か所に地震と津波の記録があった。例えば、三重県の木本や和歌山県の田辺に津波の記載があり、高知県の種崎でも「浪入り、ことのほか大騒ぎ」という記録があった。津波の高さは一ないし二メートルで、各地の揺れは高知、徳島、大阪で震度三、鳥取、田辺、高松で震度四と推定された。揺れと津波の分布から紀伊半島沖で南海トラフの近くにマグニチュード七・六の地震が起こったと推定された。今回の地震とよく似ている。

この地震の起こった一八〇八年の頃、西日本はすでに地震活動期だった。四〇年ほどの静穏期の後、一七八九年に阿波でマグニチュード七の地震、一七九九年加賀の地震と続き、一八〇二年には畿内から名古屋の揺れで一五名の死者を出す地震があった。一八〇八年の紀伊半島沖の地震の後も多く、一八一九年に伊勢、美濃、近江などに死者多数の大地震、一八三〇年の京都大地震、一八四七年善光寺地震、一八五四年七月伊賀上野地震と続いて、同年末の安政の東海、南海地震と続いた。九月五日の紀伊半島沖の地震は、今回もまた同じような地震活動期の歴史をたどっていることを示している地震と言えるだろう。

インド洋の津波　巨大地震の姿を知る

二〇〇四年は、インド洋の沿岸をおそった大津波による被害のニュースで年末を迎えることになった。大津波を起こした地震は、多くのメディアでスマトラ沖地震と呼ばれているが、震源の点、つまり破壊の始まりの点はスマトラ島沖であっても、地震断層面の破壊は、その震源から北へアンダマン諸島に沿って、はるか一〇〇〇キロ近く走った。だから、ベンガル湾東岸地震、あるいはアンダマン諸島沖地震と呼ぶ方がいい。

インド洋とアンダマン海を分けるアンダマン・ニコバル諸島は、南北に弓なりに並ぶ諸島で、北はミャンマーのある半島へ、南はスンダ列島の北端、スマトラ島の端へとつながる弧状列島である。この列島は、きっと今回と同じような巨大地震と大津波を繰り返し発生させながら沈み込むインド洋プレートの運動で形成されてきたと思われる。

地球儀を持ってきて、日本列島を真正面からデジタルカメラで撮影し、ほぼ九〇度時計回りに画像を回転させ、つぎにインドネシアを中心に、同じ倍率で真正面から撮影した写真と並べてみると、実によく似た島の配列と形であることがわかるであろう。北海道とジャワ島を並べ、スマトラ島と西南日本を並べると、琉球の諸島が今回地震の起こったアンダマン・ニコバル諸島の位置に来る。そしてそれぞれが弓なりに曲がる弧状列島になっている。

海洋プレートが陸のプレートに出会って沈み込むと、ちょうどピンポン玉を指先でへこませたときのように、円弧状の沈み込み境界ができる。その陸側には島が隆起して、弧状に並ぶ。逆に言えば、弧状列島の存在は、長い時間をかけて続いている海洋プレートの沈み込みが、その弧状列島のすぐ沖にあるということである。

今回、一挙に一〇〇〇キロ近くにわたって沈み込み運動が起こったアンダマン・ニコバル諸島の沖から、インドネシアのスマトラ、ジャワ、バリ、東ティモールにかけての大規模な弧状列島は、インド・オーストラリア・プレートの沈み込みによってできた構造で、インド洋に面した唯一の弧状列島である。スマトラから東ティモールまでの地域には、津波を起こした大地震の記録がたくさんあったが、今回動いた部分にはなかった。長い間動かずに頑張っていたのだろうか。弧状列島は太平洋に面してたくさんあり、日本列島の弧状の並びもそのような海洋プレートの沈み込みによってできている。千島列島、東北日本から琉球、あるいは伊豆からグアムへ向かう諸島などが、みな同じ仕組みで形成された。

日本列島は「花綵列島」と呼ばれる。円弧状または弓形に配列され、花づなのような形をなしている列島と、広辞苑にある。一方、インドネシアは「エメラルドの首飾り」と呼ばれている。約一万三〇〇〇と言われる島々からなるこの国は緑にあふれている。日本と同じように美しい自然を持っている。

二〇〇四年七月、インドネシアのバンドン工科大学を訪ねて、クスマヤント学長と様々な話をした。バンドン工科大学と京都大学が交流協定を結んで、共通に変動帯を特徴とする文化を大切にし、自然災害から人々を守る研究も進めなければならないと、かたい握手を交わしたときのことを、今ありありと思い出している。

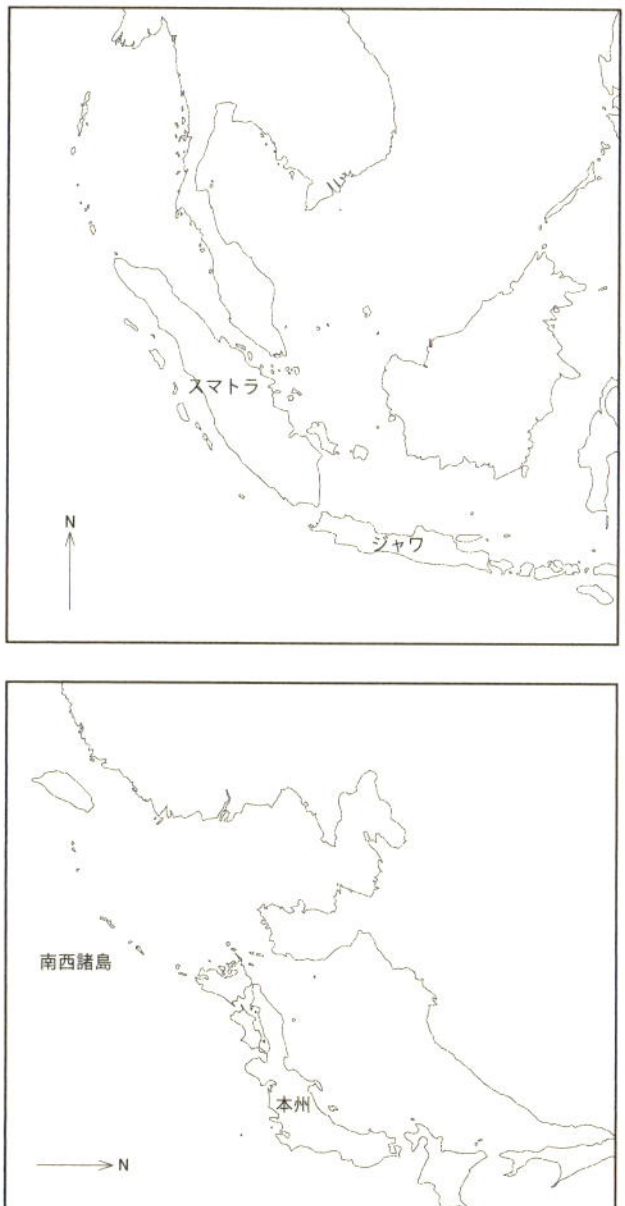

図6　インドネシアと日本の地図を同じ縮尺で比べる。大きさも形もよく似ている列島には、同じように巨大地震が起こり、火山が噴火する。

北九州の地震　活動期のだめ押し

二〇〇五年三月二〇日は彼岸の中日であった。休みの日でも毎日のように出かけなければならない仕事であるが、福岡県沖に地震が起こったときにはまだ家にいた。北九州に、しかも福岡の沖にマグニチュード七クラスの大規模地震というので驚いた。

連休に大地震があるような気がしないでもないが、日本の現行暦である太陽暦（グレゴリオ暦）と日本列島の地震発生が深く関係するわけではないと思う。福岡で地震と聞くとまずは九州大学の地震学の教授である鈴木貞臣さんを思い浮かべるが、鈴木先生は今年ご停年で三月三一日にご退職のはずなので、研究室の整理に忙しかったりするだろうと、電話をかけて聞くわけにもいかないと思った。あちこちに取材していると、鈴木先生は地震のとき九州大学の近くを車で走っていて、一瞬パンクだと思ってしばらく徐行し、ラジオで地震と知ったということがわかった。ネットワークで今はこんなことまでわかるということに、あらためて感心した。

しばらくすると福岡県沖に並ぶ余震の様子が判明し、その並びから福岡にある活断層で有名な警固断層の延長上の岩盤が破壊して、大規模地震を起こしたのだということもわかってきた。地震は岩盤の破壊で起こるが、浅い大地震では、その破壊面の近くでさらに小さい破壊が続けて起こるので、それが余震になってしばらく続く。とくに本震の直後には大きな余震も含めてどんどん起こるから、余震の並び方から本震の破壊面の位置や形がわかるのである。

ネットワークでは気象庁の情報も読める。この地震のときの気象庁の最初の地震情報は、地震発生から六分ほど後、一〇時五九分に発表され、「震源地は福岡県西方沖（北緯三三・九度、東経一三〇・二度）で震源の深さはごく浅く、地震の規模（マグニチュード）は七・〇と推定されます」として、震度三以上の揺れが観測された地域が並び、最大の震度は、震度六弱（福岡県福岡、佐賀県南部）、震度五強が福岡県筑豊、福岡県筑後、佐賀県北部だとわかった。続いて、震度五弱以上が観測された市町村が発表され、震度六弱は、前原市みやき町、震度五強が福岡中央区、春日市須恵町などだった。最後に一行、「現在津波予報が発表されています」とあって、さすがに行政の情報は急がなければならない津波予報であっても、担当が異なると地震情報では内容を言わないのだと感心した。

そこで問題になるのは、その後に起こったマグニチュード四クラスの小規模な地震の地震情報であっても、その最後に「現在津波予報が発表されています」とだけの一行が付いていたことである。

こんな小さい地震ではいつものように「津波の心配はありません」のはずだが、このときには本震による津波予報が、確かに出ていたのである。

変動帯にできた列島全域で地震活動が活発な日本では、福岡県は比較的静かな地域であるが、こんなところにまで大地震が起こるということは、西日本の地震活動期が続いている証拠であり、その活動期の最後の方で起こる南海大地震に向かって、その発生確率が上がっているという、だめ押しの証拠でもある。南海地震までにもっと詳しく、もっと市民に親切な地震と津波の情報を提供する仕組みが、国の機関でもマスメディアでも、ぜひ実現してほしいと願っている。

巨大地震による地殻変動　インド洋に増えた島々

地震予知連絡会でインド洋沿岸地域の地殻変動についての報告があった。この地震予知連絡会は、日本の地震予知研究を推進する機関から委員が出ていて、それぞれの機関の情報を持ち寄り、最新のデータや分析結果、あるいは地震予知に関係する新しい研究成果の速報などを報告して、意見を交換するための機能を持っている。また、特定のテーマに関する議論を深めるために、その分野の専門家を招いて、総合報告をもとに密度の高い討論を行うこともある。私も以前この地震予知連絡会の委員であったが、その期間に得た知識の蓄積は大きく役立っており、私自身の関わったテーマでも、例えばこの欄でも触れた西日本の地震活動期のことなど、よく討論された。世界的に見てもすばらしい情報共有のためのシステムであり、ぜひ永く続けてほしいと願っている。

普通、地震予知連絡会では日本列島に関する情報の交換や議論が行われて、あまり海外のことは出てこない。例えば、二〇〇四年一二月二六日にインド洋沿岸に起こった巨大地震の後、次つぎと連鎖的に起こるであろうと考えられる大規模な現象、例えばスマトラ島やジャワ島の活火山の噴火や、スマトラ島南西沖のプレート境界の大地震、あるいはスマトラの内陸にあるスマトラ断層の活動などの予測に関しては、日本の科学者の研究成果も多いが、この地震予知連絡会にはあまり発表されなかった。しかし、実際にすでに起こった現象の情報は、同じような仕組みを持つ日本のプレート境界の活動のモデルにもなるのだから、たいへん参考になり、次つぎと明らかになる事実に皆が注目している。地殻変動に関する今回の報告もまさにこのような種類の情報なのである。

スマトラ島の沖のインド洋にあるニアス島の北西海岸に沿って、巨大地震の後、島がたくさん増えているということが、欧州宇宙機関のレーダー衛星エンビサットが撮影した画像の解析でわかった。これが国土地理院の主任研究官である飛田幹男さんたちが地震予知連絡会で報告した内容である。約一キロも海岸線が沖に伸びた場所もある。最大二メートルほど隆起したと見られ、長さが百メートルとか一キロもある島が一〇個ほど生まれた。二回の巨大地震で増えた陸の面積は約一四四平方キロ、減った面積は約三三平方キロで、差し引きすると一一一平方キロの増加である。陸が増えた場所では、海の仕事ができなくなってたいへんだろう。面積が減った所では、これから先、長い間にわたって回復する面積は少なく、土地がなくなってしまったのだから、これも住民にとってはたいへん深刻な問題である。

今、南海トラフのプレート境界に沿って進行しているフィリピン海プレートの沈み込む運動では、陸側のプレートの先端がフィリピン海プレートの上面に引きずられて沈んでいる。そのため、室戸岬や潮岬の先端でも沈降運動があり、標高が低くなっている。その運動は前回の南海トラフの巨大地震直後から始まり、同じ調子で続いている。沈降した分か、それ以上に次の巨大地震のときに跳ね上がる。前にこの欄に書いたように、昭和の巨大地震では、室戸は一・二七メートル上昇し、須崎や甲浦では逆に約一メートル沈下、高知市付近でも沈下して田園一五平方キロが水没した。

このように今は隆起している地域は、次の南海トラフの活動のときには急激に沈降することになる。フィリピン海プレートはどんどん沈み込みを続けていくが、陸のプレートは同じ先端部がたわんでは巨大地震とともに元へ戻るという運動を繰り返して、ずれを繰り返す活断層を発達させているのである。高知の沖に二一世紀の前半に起こるのと同じ運動が、今インドネシアの列島に沿って起こっている。インド洋での貴重な観測結果を次の防災に活かせるよう、よく理解しながら注目していかなければならない。

日本海溝の地震活動　長期予測研究に注目

二〇〇二（平成一四）年七月三一日に、政府の地震調査委員会は、「三陸沖から房総沖にかけての地震活動の長期評価について」という発表を行った。それまでに、海域に発生するプレート境界の大地震として、宮城県沖地震および南海トラフの地震についての長期評価を公表していた。それに引き続いて三陸沖に発生する地震活動を評価したのである。

東北の太平洋側は、大地震のたくさん起こる地域で、津波も多い。海岸から二〇〇キロほど沖に、深い日本海溝があって、そこから太平洋プレートが大規模に日本列島の下へ斜めに沈み込んでいる。そのプレート境界に巨大地震が起こる。

プレート境界のさらに沖には、二〇〇四年に紀伊半島沖にもあったような大地震が起こって、大津波を起こすこともあり、陸に近い部分には、やや深い地震が起こって強い揺れを陸地にもたらせる大地震もある。

京都では毎年八月一六日は「五山の送り火」で多くの人たちが集まってくる。今年は桂キャンパスから送り火を見ようと出かけるときに、宮城県沖でマグニチュード七・二の地震があり、宮城県南部などで震度六弱の揺れがあった。深さが四〇キロほどだというので、これは以前地震調査委員会が指摘した宮城県沖地震がいよいよ起こったのかと思った。

二〇〇〇年一一月二七日に、地震調査委員会は「宮城県沖地震の長期評価」を発表している。宮城県沖から日本海溝までの間に大地震が繰り返し発生し、最近では一九七八年の宮城県沖のマグニチュード七・四の地震で大きな被害があった。ここでは二つのプレートの境界面で、牡鹿半島沿岸から東へ拡がった範囲で地震断層面が発生して大地震となる。ここでは歴史地震記録から、過去二〇〇年に六回の大地震があり、一九七八年から計算してもすでに平均活動時間間隔の六〇パーセントを超えている。したがって、地震発生の可能性は年々高まっており、「二〇二〇年頃までに次の地震が起こる可能性が高いと考えられる」という内容の発表をしていた。

その長期評価との関係で臨時の委員会が開かれ、八月一七日の夕方に「想定した地震とは言えない」と地震調査委員会は発表した。つまり本命の地震は、まだ残っているということである。さらに委員会は「今後、想定していた地震が起こりやすくなった可能性もあるとして、引き続き警戒が必要だ」と付け加えた。

このような判断の根拠になるデータが時々刻々と得られるようになったのが、日本列島の地震観測ネットワークの大きな進歩である。今回も、余震の分布やGPSによる地殻変動の観測などが詳しく検討された結果の判断であろうと思う。津村建四朗委員長は「今回の地震によって、想定している宮城県沖地震の規模や発生確率は変更しない。いつ起こるかという見通しはむずかしいが、従来と同じように防災対策をとってほしい」と述べたそうであるが、位置関係によっては、本番の大地震の規模が少しだけ小さくなったということが言えるかもしれないし、逆にまったく影響しないという可能性もある。

宮城県沖の地震活動は複雑で、かつ地震活動度が高い。岩盤が様々の場所でずれを起こしては大地震を起こす。東北大学の地震学者を中心に今後詳しい調査と研究が進められ、今回の地震の意味づけと、今後の長期予測に関する研究成果が次つぎと得られるであろうと注目している。

（注　この記事は、二〇〇五年九月に掲載された。インドネシアと日本列島の類似性を指摘しながらも、この時点では、二〇一一年東北地方太平洋沖地震発生の可能性をまだ具体的には考えていなかったことがわかる。）

広島と高知の地震　フィリピン海プレートの先端

二〇〇五年一一月一二日の土曜日、広島市の鯉城会館で土佐中学校・高等学校広島支部の総会があった。それに参加して講演する機会をいただいた。

広島県を中心にたくさんの方たちが集まったが、皆さんは、一度は高知市で学習に励んだ方たちであるから、高知県に関係する地震の起こり方と、広島を含む西日本の地震活動の特徴について話をした。震災を受けないよう少しでも将来の大地震に備えて、まずは地震のことを知っていただくことを主眼として、それによって震災を軽減する工夫を実行する気になっていただこうというのが、私の話の趣旨であった。

二一世紀の前半には、昨年インド洋に起こったようなプレート境界型の巨大地震が、南海トラフに起こり、その前に西日本の内陸の活断層帯が活動して、内陸の大規模地震を起こすという予測を、この欄でも繰り返し述べているが、広島県には、高知県と同じように活断層が発達していないので、一九九五年に神戸の大震災を起こしたような内陸の都市直下型の地震は起こらない。

広島県には北に中国山地があり、その南には岡山県から続く広い吉備高原がある。そこに少し活動度の低い活断層があるにはあるが、それほど大規模な活動をするとは思えない。広島県の西部には、北東から南西の方向に線状の谷地形がいくつか見られるが、これも中越地震のとき話題になった活褶曲のような現在の運動による活構造ではなさそうである。

一方、高知県などの沖にある南海トラフから潜り込んだフィリピン海プレートの先は、広島県の地下に達していて、そのプレートに規模の大きな地震が起こって広島県にも被害を出すことがある。最近では二〇〇一年の芸予地震がその例である。安芸灘の地下に震源がある場合が多い。歴史資料によると一六四九年にマグニチュード（M）七クラスの地震があり、さらに一六八六年、一八五七年にもあった。これらが最近の芸予地震と同じく、やや深い地震の可能性がある。やや深い地震だと、規模の割には被害が軽い場合が多いが、一九〇五年の芸予地震では、県内の海岸沿い、とくに埋立地で大きな被害が生じた。一九四九年にもM六・二のやや深い地震があった。

二〇〇一年三月二四日に起こった地震は、M六・四で、深さが五〇キロだった。これも似たような場所に起こった。フィリピン海プレートの沈み込みに伴う地震の分布を見ると、地震分布の先端部で発生したことがわかる。この地震が起こった場所の南西側で、フィリピン海プレートの潜り込みの傾きが急に変化している。

二〇〇四年九月五日には、紀伊半島南東沖の南海トラフの南側で大規模な地震が起こった。これはフィリピン海プレートが潜り込む前の状態の場所に、岩盤の破壊が発生して起こった地震だった。このようにフィリピン海プレートの中にもいろいろな場所で地震が起こっていることがわかる。潜り込んでいるプレートの上にある陸のプレートでは、西日本の活断層帯で地震活動期の最中であり、いずれその二つのプレートの境界である南海トラフで、大規模なずれが起こってM八クラスの巨大な南海地震を起こすことになる。

広島市では、そのような西日本の仕組みを中心に、「地震を知って震災に備える」という題で、土佐高校の同窓生の皆さんに話を聞いてもらった後、同窓会広島支部の懇親会にも参加させていただいた。

地球の中を見る　高知コア研究所の活躍

二〇〇六年四月から始まる第三期科学技術基本計画では、五年間で二五兆円を投資するという政府の方針が掲げられた。二〇〇六年度の計画では、宇宙航空研究開発機構のロケット打上げ計画が目立っているという見方もあり、世界的な高性能を誇るスーパーコンピュータの開発に注目する人も多い。

はなばなしく見える話題に少しかくれ気味ではあるが、大変しっかりと足を地につけた研究計画が、高知大学などの関係者によって精力的に進められている。「ちきゅう」と呼ばれる深海底の掘削船が誕生して昨年九月に一般公開され、「ちきゅう」の活動にともなって高知コア研究所が活動を始めた。独立行政法人海洋研究開発機構（JAMSTEC）が「ちきゅう」を運営して、世界で初めて地殻を掘り抜いてマントル表層部まで掘り、そのコアサンプル（柱状の岩石や堆積物試料）を採取して分析するという壮大な計画（IODP）が進められる。その最も重要な、コアの非破壊分析から保管、様々な精密解析を、東垣（あずまわたる）所長のリードのもとに行うのが、JAMSTECと東京大学海洋研究所の協力のもとに高知大学の中に設置された高知コア研究所である。この研究所には世界の研究者が集まってきて、初めて手にするマントルまでの一連のコアサンプルの分析を、あらゆる角度から行うことになる。

ここには世界の科学者が多くの期待を持って見つめるテーマがある。第一は、高知県の人びとの関心のまとでもある南海トラフの巨大地震を起こす震源断層面の姿である。どんな物質があって、どのようにずれを起こしたか、過去の地震を起こしたときどれだけの高温になったのか、というような疑問が列をなして待っている。

二番目は地球環境の歴史である。過去の自然環境の歴史が大地震などで破壊されていない海底のコアから連続的に読みとられる。すでに昨年一一月に下北半島東方沖の水深一二〇〇メートルの海底でとったピストンコアに、火山灰を挟んだ地層が観察された。

三つ目のテーマも大きな楽しみの一つである。地下深部の岩の中にいる微生物である。極限の環境にどんな生物がいて、それらが生命の起源となった可能性をもつのかどうか、新しい発見の報告が高知コア研究所から世界の人びとに発信されることになる。

深部掘削は、宇宙研究でいうとロケットを打ち上げるのと同じで、一本の道筋に沿ったデータが得られるものである。人工衛星のように地球を面で観測するようなデータが得られるものではない。

固体地球を包む大気圏の厚さは百キロメートルほどで、ロケットはあっという間にその外へ飛び出していく。それがいくつも打ち上げられるのだが、地球の中に向かって発射されるロケットであるコア掘削の仕事は大変な仕事で、この「ちきゅう」によって初めてマントル上部に達するデータの道がまず一本できるのである。大気圏と同じ厚さの、地下百キロメートルほどあるリソスフェア（プレート）をつき抜ける日は、いつやってくるのか、まだ見当もつかないのである。

JAMSTECの地球深部探査センター長である平朝彦（たいらあさひこ）さんは、「ちきゅう」の運営と「統合国際深海掘削計画（IODP）」の推進役であるが、かつて高知大学にも在籍していた研究者で、南海トラフに関する論文や日本列島の形成に関する著書などから私も多くのことを学んだ。

吉田山と花折断層　京都大学のキャンパスから

毎年四月の土曜日には、地球科学を専攻する加藤護先生の世話で、新入生を対象にした花折断層を歩く会を開催する。今年も小雨模様の中を、吉田南キャンパスから修学院あたりまで二〇名ほどで歩いた。その様子を紹介して、太平洋に向かって開けた高知の地形と、活断層運動でできた京都盆地の景色との違いを見ることにしたい。

まず教室で、スライドを用いて一時間ほど講義する。歩く道順の地図で要所と要点を説明しておく。まず、花折断層の読み方である。これは「はなおり」と読むのが正しい。言葉の由来を知るとその理由がわかる。

花折断層は水平右ずれの活断層である。大きくずれる運動をして大規模な地震を起こすたびに破砕帯が発達してきた。破砕帯は断層全体に分布している。破砕帯が浸食されて谷ができる。京都からその谷が福井県までまっすぐ続き、その谷に沿って道ができた。その道を通って、日本海の鯖が都へ運ばれてきた。その道を「鯖街道」と呼ぶ。鯖街道に沿って流れる川は、南部では京都市に、北部でも鯖街道にそって流れ、途中で曲がって琵琶湖へ向かう。鯖街道の分水嶺では破砕帯が浸食されずに、険しい峠になって残った。峠は破砕帯の粘土で滑りやすく、修行僧たちにとって難所であった。やっと峠を越えるとき、記念に修行僧は樒の枝を折った。佛教で樒を花というので、「花折り峠」の名がついた。

吉田キャンパスには京都大学の象徴である時計台がある。時計台のある建物は、建築学科の初代教授であった武田五一によって京都帝国大学本館として設計されたもので、一九二五年に竣工した。長尾真前総長は、二〇〇三年四月の入学式で、尖った三角形や山型の塔は、権威主義的な雰囲気を感じさせるが、「京都大学の時計台は四角で構成されていて、穏やかであり、調和を感じさせる」と述べた。そして、塔の高さは中庸で、四角い塔は堅実さを象徴し、丸い文字盤の時計は愛らしささえ感じさせ、塔の下の建物の一〇数本の同じ高さの柱は、構成員の平等、各部局の等しい役割を表現していると述べた。この建物を設計した武田五一は、関西で活躍し、多くの建物を残した。高知では例えば、一九三〇年に竣工した高知県立追手前高等学校の建物が武田五一の設計である。

歩く会は吉田神社への登り口の石段から始まる。花折断層が石段の登り口付近を通っているので、次に地震のとき手前の鳥居と石段がずれるであろう。

北部構内のグラウンドからは、断層の地形と東山の浸食地形を眺める。東山は数億年前には海底にあって堆積した地層が隆起してできた。海底にあったとき、マグマが貫入して、両側の岩盤が焼けて硬くなった。その硬い部分が浸食されにくく、高く残ったのが比叡山と大文字山である。花崗岩の部分は浸食されて低い峠となり、麓には白砂の扇状地が両側に発達した。扇状地の尾根を歩いて峠を越え、都から近江へ向かう志賀越道ができた。その道が荒神口から北白川に、京都大学のキャンパスをはさんで斜めに通っている。

一九六六年に花折断層のずれが京都大学の地質学者石田志朗によって発見されてから今日までの、京都大学を中心とする研究の成果の一部を紹介しながら、新入生たちと歩くコースである。南海トラフから沈み込むフィリピン海プレートの押す力で、ずれを繰り返す活断層の地形を理解すると、大津波のある高知の地形との違いもやがて理解できるようになると思う。

写真1　花折断層を横切る掘削調査。東山の方向を見て撮影。縄文時代の地層がずれて、東山が隆起し、手前の京都盆地が沈降する運動を起こしたことがわかる。

馬路村を訪ねて　海と山の国の創造性

高知県の山奥の村、日本で一番よく知られている村だろうと思う村へ案内していただいた。七月七日、ご案内下さったのは今井一雅先生ご夫妻である。

この日、高知工業高等専門学校教授の今井一雅先生を代表者とする、文部科学省のプログラム（現代GP）「創造性豊かな実践的技術者育成コースの開発」の事業の中で、「研究者と創造性」という題で講演するようにというご依頼を受けた。学生さんたちとの討論もあり、私にとっても創造性とは何かを、あらためて考える機会でもあった。今井先生たちは、創造性教育の新しいコースを、インターネットのバーチャルの世界で開発しようという意欲的な取り組みを進めている。

高知高専から車で一時間ほど東へ走ると安田町である。三〇年ほど経つと南海地震が起こり、大津波が予測される太平洋岸を右に見ながら走る。馬路村へはこの安田町から安田川に沿って四国山脈の中へ入って行く。

高知県は扇面の形で東西に長い。太平洋に面した県であり、はるかに環太平洋の国々につながる海岸を持つ。太平洋から四国山脈までが高知県であり、世界一の大洋を目前にする山国というのが県の特徴である。山地率は八九パーセント、プレートが集まる所にできた変動帯の日本列島そのものが山地の多い島国であるが、それでも山地率は全体で五四パーセントである。高知県の山地率がいかに高いかがわかる。その山地の地質が堆積岩で、急峻な地形と相まって土砂災害の多いのも高知県の特徴である。

県の西部には四万十川、石鎚山から土佐湾に入る仁淀川、北部から徳島県へ向かい中央構造線にぴったり沿って流れる吉野川があり、東部には物部川がある。いずれも水の豊かな河川であり、治水事業も昔からの課題である。

高知県の河川事業は、一級河川の物部川、吉野川、仁淀川、四万十川の流域を基本にして、その周辺の二級水系を取り込んで、高知東部、吉野川上流、高知中部、高知西部圏域の四つに分けて行われる。安田川は高知東部圏域の川である。さしせまる山地から、太平洋に注ぎ込む二級河川がたくさんある地域で、それぞれの川に特徴があり、安田川はダムのない川であり、鮎の川として釣り人たちにもよく知られている清流である。

安田川に沿って、文字通り馬の路のような狭い道を、今井先生の運転に運をまかせてしばらく行くと、一時間に一〇分だけ通行可という工事区間に出会う。あらかじめ今井先生がそれに合わせたので、少しだけ待つ間、梅雨で増水した川の音を聞いていると、ときどきホトトギスが鳴く。私たちはしばらく沿道に生える苧（からむし）の葉を取っては、大きな音を出して「草鉄砲」を競った。

馬路村役場で村長の上治堂司さんに挨拶し、村の中を案内していただいた。人気商品である木の香の豊かなバッグの工場、完成したばかりの「ゆずの森加工場」を見学した。

馬路村のロングセラー「ゆずの村」を私たちが初めて手に入れたのは、日本一〇一村展で大賞を受賞した一九八八年である。それ以来、ずいぶんたくさんの人たちに差し上げて宣伝した。谷の両側に見える手入れの行き届いた豊かな柚子の茂りが、私たちの思い出に重なる。本当に活気のある、これこそ創造性と言える柚子の香り豊かな村が、いつまでも記憶に残るであろう、七夕の日の半日の旅であった。

山内一豊の時代に重なる　地震活動期の記憶として

高知県にたいへん関係の深いドラマがあると一所懸命に見る。ＮＨＫ総合テレビで見る「巧妙が辻」がある。信長や秀吉を主としたドラマは多いが、一豊が登場することはめったになかった。山内一豊は、一五四五（天文一四）年から、一六〇五年一一月一日（慶長一〇年九月二〇日）を生きた。信長の死後、秀吉の家臣として活躍し、天正一三（一五八五）年には若狭国高浜城主、まもなく近江長浜城主となり二万石を領した。一五八六年に起こった天正大地震によって、一人娘の与祢姫が亡くなった。土佐守に転任したのは一六〇三（慶長八）年三月二五日、一六〇五（慶長一〇）年九月二〇日に逝去した。

大河ドラマでは、第三〇回で、一豊は長浜城へ入城した。第三一回「この世の悲しみ」が八月六日に放送され、その時、天正の大地震の震災で、長浜城は地響きをたてて崩れ落ち、瓦礫の下から這い出して、千代が娘のよねを探す場面が描かれた。この原稿を書いている九月二四日は第三八回「関白切腹」である。秀次の死は一五九五年である。

西日本の慶長の地震活動期がこの一豊の一生に重なる。一五八六年の地震は、M（マグニチュード）七・八、死多数と記録されている。美濃、伊勢、近江など広域に被害があった。

一五九六年九月四日、M七・〇の大地震があり豊後地方に震災があった。前震が多発した後、大地震があった。その翌日、M七の大地震があり今度は畿内の大震災となった。京都では伏見城の天守が大破し、奈良、大阪、神戸でも被害が多かった。この地震活動期のピークは、一六〇五年二月三日（慶長九年一二月一六日）、南海トラフのプレート境界に起こったM七・九の慶長地震であった。なお、東日本でも、一六一一年にM八・一の三陸大地震があった。

その後、西日本では宝永の地震活動期、安政の地震活動期があって、昭和の地震活動期のピークが終戦前後にあった。一九四三年の鳥取地震（M七・二）の後には、一九四四（昭和一九）年一二月七日の東南海地震（M七・九）があり、静岡、愛知、三重などで合わせて死者と行方不明者一二二三名、住家全壊一万七五九九を記録した。津波が各地に襲来し、波高は熊野灘沿岸で六ないし八メートルに達した。

続いて翌年、一九四五（昭和二〇）年一月一三日、M六・八の地震が愛知県南部に大震災をもたらせた。三河地震と呼ばれている。陸の直下の地震で被害が大きく、死者二三〇六名となった。住家全壊は七二二一であった。

一九四六年一二月二一日に起こった南海地震（M八・〇）は、もちろん高知県の人には忘れられない震災と大津波の被害をもたらせた。死者は一三三〇名、家屋全壊は一万一五九一だった。一九四八年六月二八日には、M七・一の福井地震があり、死者三七六九名と記録された。なお、この西日本の地震活動期のときにも、東日本では一九三三年の三陸大津波があり、一六一一年の地震に似ていると考えられる。

ＮＨＫの朝のドラマ「純情きらり」では、この地震活動期の岡崎が舞台であり、地元を襲った大震災がどのように描かれるかを注目していたが、何事も起こらずにときが過ぎた。実際は、東南海地震で岡崎の震度は五、死者九名、負傷者二九名、三河地震では、死者二九名、負傷者二二名だった。

地震と噴火の連鎖反応　インドネシアの巨大地震その後

二〇〇四年一二月二六日、スマトラ島北部の西岸沖から北へ、アンダマン・ニコバル諸島に沿ってインド・オーストラリア・プレートがユーラシア・プレートの下へ沈み込む大規模な運動が発生して巨大地震（地震の規模は、マグニチュード九・三）となった。その海底の変動によってインド洋沿岸一帯には大津波がもたらされた。その地震による揺れや大津波による災害で、死者は二二万人、負傷者は一三万人と言われている。

マグニチュードが九を超えるような巨大地震は、プレートとプレートの相対運動で、プレート境界に沿って起こるものであるが、そのような巨大な現象が一度発生すると、そのプレート境界に沿って、大地震や火山噴火が連鎖的に起こる。スマトラ島沖の巨大地震からほぼ二年が経過して、その間に様々の現象が続いており、このような連鎖的な現象は、近い将来に起こる南海トラフのプレート境界の巨大地震のときにも、似たような連鎖的現象があると思うので、このあたりでまとめておくことも大切だと思う。

二〇〇五年三月二八日にはマグニチュード八・五の地震が、二〇〇四年末のスマトラ沖の巨大地震の震源域に隣接して南側で起こった。このような連鎖的な現象は、日本でも一九四四年東南海地震、一九四五年三河地震、一九四六年南海地震というように似た現象が起こった。GPSの観測では、ニアス島で五メートルに達する南西方向への変動があった。

続いて、スマトラ島の火山が噴火した。四月一二日から、タラン火山の活動が活発になり、パニックになった周辺の住民ら、二万五〇〇〇人が避難し始めたというニュースが伝わった。この火山に近いパダン市沖で、一〇日にマグニチュード六・八の地震が起こったこともあって、住民はパニックとなって逃げ出した。

ジャワ島でも火山が相次いで噴火した。四月一三日には、アジア・アフリカ会議五〇周年記念式典の準備が行われているバンドンの北の郊外で、タンクバン・プラフ火山が噴火した。私が二〇〇四年に久しぶりに訪れて火口を覗いた火山である。

二〇〇六年、ジャワ島中部のジョクジャカルタの北約三〇キロにあるメラピ火山が大規模な活動を始めた。四月一八日、火山灰の降灰を確認し、四月一九日、知事が「今後一〇ないし一四日以内に噴火する可能性がある」と発表した。四月二〇日、山麓の観光地カリウランを閉鎖、二五日、周辺住民三〇〇〇人以上が集会所や学校への避難を開始、五月一一日、インドネシアの副大統領が、州政府に対し、半径六キロ圏内の全住民の避難を指示した。二〇〇六年五月一八日には、ジャワ島のメラピ火山の噴火に伴う山頂部の温度上昇が衛星画像で確認された。

二〇〇六年五月二七日、スマトラ島の東にあるジャワ島中部で地震が起こった。マグニチュード六・二という中規模な地震であるが、死者が五〇〇〇人以上出た。この後、ジャワ島沖には七月一七日にも大地震があって、津波の被害が出た。西ジャワのパガンダランでは一八日の夜明けとともに海岸などで遺体が次つぎに収容された。パガンダランでは、地震の揺れによる被害はほとんどなかったが、海岸から数百メートルの津波到達範囲に、建物の被害が集中した。インドネシア気象庁でも、津波発生への警戒感がなかったのか、津波警報は出されなかった。

このように巨大地震のあとの二年間だけ見ても、次ぎつぎと大規模の地震や火山活動が、そのプレート境界全体に連鎖的に起こるということがわかる。

南極観測五〇周年　越冬隊の活躍を思う

二〇〇七年一月二三日、「南極地域観測事業開始五〇周年」の記念切手が発行された。切手の画面には、コウテイペンギンやアデリーペンギン、ジロとタロの図柄もあり、三世代の観測船「宗谷」、「ふじ」、「しらせ」も登場する。

一九五六年一一月八日、第一次南極観測隊は、観測船「宗谷」で東京の晴海ふ頭を出航し、翌年一月二九日、昭和基地を開設した。

それ以来、日本の南極観測に関係する研究者たちは、世界の研究者たちと協力しながら、国際社会において大きな役割を果たしてきた。オゾンホールの発見、南北両極オーロラ同時観測、南極隕石の大量の発見と採集などは、とくに大きな影響を与えた功績であるが、そのほかにも数え上げるときりがないほどの、観測と研究の成果をあげてきた。

地球温暖化は人類の直面している最大の課題であり、この地球規模の環境変動の解明では、南極地域の観測が重要な役割を果たしている。とりわけオゾンホールの発見は、昭和基地での長い年月にわたるオゾンの継続観測があって、はじめて生まれた大発見である。

この南極観測には、最初から多くの隊員が京都大学から参加した。第一次南極越冬隊長は、京都大学教授であり、鹿沢温泉で、「雪山讃歌」を作詞したことでも知られる登山家の西堀栄三郎氏だった。

一九九二年九月に、宇宙で材料の実験をするためにスペースシャトル「エンデバー号」に、日本人初の宇宙飛行士として乗り込んだ毛利衛氏が、NHKの番組に出演して、「南極って、こんなに遠いのかと思いました」と感想を述べていた。毛利氏が行った「宇宙」というのは、実は地球圏内ともいうべき地球のすぐ近くであり、本当の宇宙は、もちろん南極よりははるかに遠いのだが、しかし実感として地球の人工衛星軌道へ行くのと、地球の表面とはいえ、南極地域へ行くのとでは、後者の方がはるかに困難であるというのも確かであろう。

南極大陸地域は、人の活動圏から遠く離れていると思われている。コンピュータ上で使われている世界地図には南極大陸の海岸線が描かれていない地図が多い。私はいつも、南極大陸の抜けた世界地図を使った京都大学の教職員や学生に、京都大学は南極観測に大きな貢献をしている大学であり、その南極大陸を忘れてはならないと注意する。南極観測はこれからの地球環境に深く関わるという点でも忘れてはならない。

私が大学生であったときのメモに、一九五八年に第三次隊が昭和基地を再開したとき、「タロとジロが生きていた」と書いてある。また、一九五九年の第四次隊では、やまと山脈を初調査したこと、昭和基地で福島紳隊員が遭難したことが忘れられない。その頃越冬隊に参加した私の先輩である北村泰一氏にお願いして、京都大学の一一月祭で「南極展」を開催し、連日行列ができたことも、また、一九九七年の第三九次隊で、女性隊員が二人、初めて昭和基地で越冬したことも、私の貴重な思い出の中にある。

初めての女性たちは、宙空系を担当した東北大学大学院の坂野井和代さんと、地学系を担当した京都大学大学院の東野陽子さんで、東野さんは私たちの研究室にいた。二人とも、地球科学の研究者として今活躍している。

西南日本の深部に起こる微動　スロー地震との関連が

「測地学会誌」第五三巻第一号が手元に届いた。ぱらぱらとめくる手が、はっと止まったのは、小原一成さんの論文「深部低周波微動に同期する短期的スロースリップイベントの検出」の論文であった。さらに副題があって、「防災科研 Hi-net 傾斜観測による成果」という題である。

この表題を見ただけで、この論文に書かれているであろう内容と研究の成果に、私は専門家として、わくわくしてしまったが、それがどういうことなのか、あらためて説明すると、かなり長くなりそうである。

一九六五年頃から、私は微小地震観測のための観測網を、近畿から中国地方に建設する仕事をしていた。周期一秒の振り子でできたセンサーを使って、増幅器を用いて高い倍率で地面の揺れを記録する装置を、静かな山奥の寺などに置かせてもらって、小さい地震の発生をとらえる研究の出発であった。その当時、世界的にも初の微小地震観測網が西日本にできた。その結果、活断層の分布などが詳しくわかってきたのであるが、それだけでなく、高い倍率の記録から、様々のことがわかった。

私の博士学位の論文の一部となった深発地震の性質についての発見もあった。深発地震の中に、いくつもの地震が連続して発生する現象を記録の中から見つけたのである。

さらに不思議だと思ったことがいくつかあった。その中に、周期一秒ほどのゆっくりした揺れが、ときどき現れる現象があった。近くの鉄道に長い列車でも走ったのかと思ったが、異なる観測点に同時に記録されると、やはり自然現象で、遠い地震かもしれないと思って必ず時刻などを書きとめることにしていた。

やがて興味の焦点が移ったりしてそのままになっていたが、一九九五年兵庫県南部地震のあと、急速に整備された日本列島の密度の高い地震計網と高速コンピュータ処理のネットワークの実現で明らかになってきてことの中に、豊後水道から四国山脈の下を通って、フィリピン海プレートの沈み込みに関連する微動が発生する地帯があるというのがあり、昔の記録を思い出した。この微動と「スロー地震」との関連を論じたのが、今回の論文である。

この論文の小原一成さんは、防災科学技術研究所の地震観測データセンター長である。全地球測位システム（GPS）で観測した「スロー地震」のことも研究している。岩盤がゆっくりとずれて地震を起こすのであるが、その「ゆっくり」にもいろいろあって、一〇日かけてずれて起こった地震、一日かけて、あるいは約一年かけてずれを起こして、普通の地震よりも大きく岩盤の歪みを解消する現象もあるというようなことも調べる。

このような現象は「ゆっくり地震」とか「津波地震」とか「サイレント地震」とか「スロー地震」とか、いろいろに呼ばれているが、いずれにしても西日本の地下にも起こっていて、たくさん起こる微動と深い関連があるようだ。それなら次の南海地震の発生にも深く関係している自然現象であることには間違いない。

新しく発見された自然現象としても、また南海地震の予測に直接関連すると思われる情報を読み取ることができる現象としても、私がたいへん興味深く見守っている研究分野である。今回はここで字数がいっぱいになってしまったが、次回も続けてこのことを取りあげるために、この論文をしっかり読むことにしたいと思っている。

低周波微動とゆっくり地震　解明進め被害軽減へ

前回に続いて、沈み込むフィリピン海プレートの上面で起こっている「ゆっくり地震」の仕組みである。

観測データを得た「Hi-net」の説明が「測地学会誌」の小原さんの論文に詳しく説明されている。兵庫県南部地震のあと、全国で小さい地震の検知能力を高める目的のもとに、二〇から三〇キロの間隔で全土を覆う計画が進んだ。これでマグニチュード一とか二というような微小地震をとらえることができるようになった。

都市部では深いボーリング孔に地震計を入れて地表のノイズを防いでいる。ボーリング孔には高感度の加速度計も入れた。この信号は長周期の傾斜変動を検出するためにも使うことができる。重要なことは、このような信号が連続して記録されていることである。それらのデータがすべてコンピュータの中に残されていてこそ、いろいろの仮説のもとに解析を繰り返して、未知の現象を見つけることができる。大容量の記憶装置が小型化し、たくさんのデータが保存できるようになったこと、計算の速度が速くなって、大量のデータを自由に使いこなすことができるようになったことが、地球科学の発展に大きく貢献している。

観測網の設置で予想を超えて得られたのが深部低周波微動の発見であった。しかも全国に展開された観測網のデータのおかげで、この低周波微動が長野県南部から豊後水道までのほとんどの地域にわたって、帯状に分布していることがわかり、これは火山性微動からの類推で、一定の深さまで沈み込んだプレートの脱水反応によって発生していると考えられるようになった。また、この低周波微動の発生場所が時間的に移動していくことと、その移動は一日に約一〇キロの速さで起こることもわかった。

このように、データが蓄積されることによって、その現象の持つ意味がしだいに判明してくる。この低周波微動が起こるのは、いったいどのようなときであろうかというのが最も興味あることの一つである。データが貯まってきて、四国西部で約半年の周期で発生する低周波微動の活発化と、時期を同じくして、ゆっくりすべる地震が発生しているということがわかってきた。このような「ゆっくり地震」は、マグニチュード六程度の地震に相当する規模で、すべりの量は、一センチか二センチ程度である。さらに低周波微動が移動するのにつれて、ゆっくり地震も同じように移動して発生しているようである。

この現象を取り入れて、南海トラフから一年に数センチの速さで沈み込むフィリピン海プレートの上面を、沈み込んでいる方向にたどって見ていくと次のようになる。深さ三キロから二五キロあたりまでは、しっかり固着していて、フィリピン海プレートの沈み込みが、上に載った陸側の岩盤を引きずり込んでいて、室戸岬などが今は沈降している。ここが次の巨大地震を起こす部分である。さらに深く、三〇キロあたりでは、低周波微動を起こしながら、フィリピン海プレートの上面と四国や紀伊半島を載せた陸側の岩盤との間に、ゆっくりすべる動きが半年ほどの周期で発生する。さらに深い部分では、常時フィリピン海プレートがすべり込んで行く。

一連の新しい現象の発見で、南海トラフに沿って起こる次の巨大地震の仕組みがますますよく理解できるようになってきた。それが次ぎの巨大地震のときの震災の軽減にどのように活かされていくかが、地震学だけでなく、二一世紀の市民活動の課題でもある。

地震の短期予知に向けて　次の南海地震の観測を

地震の予知という言葉は様々の意味で使われて混乱している。普通に市民が使うときには、いつ大きな揺れがあるかを前もって知りたいという願望から、この言葉が使われる。

地震は大きさの範囲の広い現象で、インド洋に大津波を起こしたマグニチュード九・三というような超巨大地震もあり、高感度の地震計でやっと検出できるようなマグニチュード〇というような小さい地震もある。大地震はめったにないが、小さい地震は多い。マグニチュード四クラスだと、日本列島周辺で、平均毎日ほぼ一回の頻度で起こる。

地震予知という言葉で持つ市民の期待は、震度六弱以上の強い揺れに出会うのを前もって知りたいということである。つまり予知の対象は規模の大きな地震である。日本列島で大きな地震の起こる場所は特定できている。内陸の活断層帯で起こるマグニチュード七クラスの地震と、海溝で起こるプレート境界型の八クラスの地震が予知の対象である。

これらの大地震の発生の可能性を分析した長期的な予測をもとに、活断層やプレート境界の一つひとつの地震による各地の揺れの強さを計算し、それらをすべて含めて、今後三〇年以内に震度六弱以上の揺れがある確率の分布図などが公表されている。

揺れる直前の地震情報として、二〇〇七年一〇月一日から配信されるようになった緊急地震速報がある。これは、地震が発生したとき、地震計のネットワークで得られる地震波の分析から、どこにどのような地震が起こったかを知り、それをもとに、どこでどのように揺れるかを短時間で判断し、一定の基準を超えたら、とりあえず揺れるという予測を気象庁から知らせるという仕組みである。地震波が伝わって行くにしたがって分析結果がどんどん加えられるから、情報は精度を上げながら更新される。数秒から一〇数秒の時間の勝負であるが、揺れると危険な仕事や高速で運転中の機械は制御できるから震災の軽減に役立つ。個人は、この情報で自分の身を守ることに集中するといい。

大規模な地震が発生する数日前、あるいは数時間前の予報は日本の人びとの悲願である。これを実現するためには、地震の前兆現象の仕組みを科学者が理解した上で、その観測ネットワークを整備し、観測記録を常に分析して判断するという技術を持つ必要がある。研究の進んでいない分野であるから、このような大地震の直前予報が、実用的な技術に発展するまでには、まだ長い年月が必要であろう。地震は岩盤にずれの破壊が発生し、破壊面が急激に拡がるという現象である。破壊面が大きくなると大規模地震となる。大地震の後、かならず前兆現象が見つかるのだから、大地震が起こる前から破壊面が大きく成長するということが決まっているはずである。このことから、地震の直前の前兆現象をもとにした予報の技術がやがて実現すると言えるが、実用化には長い年月が必要である。

年月が必要というのは、前兆現象を観測するネットワークがまだ展開されていないからである。次の南海地震が発生するまでには時間がある。確実に巨大地震が起こることがわかっている場所は世界的にも珍しい。以前にも述べたが、この地域に地震前兆現象をとらえるための観測網を設置して研究体制を作っておくと、たとえ次の南海地震の予報を出すことができなくても、巨大地震の前兆現象を研究者が解析することができる形で記録に残すことはできる。それによって世界に大きな貢献ができることは間違いない。

緊急地震速報と噴火警報　警報が出たときに備えて

変動帯にある日本列島の自然現象でもっとも特徴的なものは、大地震と大津波と火山の噴火であると、私はいつも言ってきた。昔は火山を活火山と休火山と死火山というように分類していたこともあるが、休火山と活火山の区別は意味がない。今では、今後とも噴火の可能性があるのは全部活火山という。ほとんどの活火山は休んでいて、ときどき噴火を始めるからである。

高知県はもちろん四国のどこにも活火山がない。高知県には南の海底にある南海トラフの巨大地震が起こると大津波がやってくるが、県の直下の活断層は少なく、直下の大地震で震度七の大揺れになることはない。南海トラフの大地震が起こったときでも、最大規模で震度六強の揺れであり、基準に適合した建築物の被害は少ない。ただ揺れてしばらく後に来る大津波だけは、海岸の地域で十分に警戒しなければならない。

大地震が発生したときには津波予報が出る。これは以前から実践されているので、かなり一般にも知られており、放送を通じてその内容が知らされる。二〇〇七年には、いよいよ一〇月一日から緊急地震速報が実際に配信されるようになった。これは、まだあまり一般的には慣れていない。さらに二〇〇七年一二月一日からは、気象庁から火山噴火警報が出されるようになり、噴火警戒レベルの導入が行われた。

まずは緊急地震速報のことである。大地震が起こると、震源に近い地震計でとらえたP波から震源の位置やマグニチュードを計算する。この情報をもとに各地の主要動の到達時刻と震度を推定して大きいと予測されると速報する。世界で初めての情報提供である。

緊急地震速報について気象業務法の改正案が国会に提出された。その法案では緊急地震速報は気象庁に発表が義務付けられ、気象庁以外の者が発表することが禁止される。また、緊急地震速報が発表された場合には、関係機関への確実な伝達が義務付けられる。

次に、噴火警報と噴火警戒レベルが発表されるが、噴火警戒レベルを導入する火山は一六火山である。今後も火山ハザードマップ等をもとに、地元自治体などと噴火警戒レベルを活用した火山防災対策の検討を進め、準備が整った火山から順次導入される。火山活動を監視して異常を観測した場合には、その時点で噴火警報が発表されることになる。

一八七五（明治八）年六月一日、東京府内務省地理寮構内で、気象および地震の観測が東京気象台によって開始された。一八八八年、震災予防調査会の依頼によって鹿児島測候所にウィーヘルト式地震計が設置されて、火山近くでの定常地震観測が初めて行われるようになった。それ以来、様々の努力と改善が行われ、いよいよ二〇〇七年、緊急地震速報と火山噴火警報が発表されるところまで進んできたのである。

その間、多くの火山災害があった。一九〇二年八月七日には、伊豆鳥島で全島民一二五名が死亡した。一九二六年五月二四日には十勝岳の火山泥流で一四四名の死者があった。一九九一年六月三日、雲仙普賢岳の火砕流で死者四〇名の被害があった。

大地震が発生して津波による災害が予想されるときには、津波警報、注意報、津波情報が発表される。警報の内容は津波到達予想時刻、予想される津波の高さである。このような警報を活かすのは日頃の学習と準備と訓練である。せっかくの警報を、ぜひ活用して災害を軽減してほしいと願う。

津波の高さの記憶に　南海地震津波予測ポールを

昔の大地震のとき、津波がどこまでやって来たか、海岸の町や村に様々の記念碑が残されている。それらは、何世代か後の人びとに、歴史からの情報を具体的に目に見える形で伝える重要な仕組みである。

京都大学大学院工学研究科の家村宏和さんたちは、インドネシアのスマトラ島北部で、二〇〇四年一二月二六日に発生した大津波の記録を残すために、津波高さメモリアルポールを被災地の各地に立てて廻るという、たいへん重要な活動をして、またその活動をきわめて有効に活用できる方法を実行した。

スマトラ島北部にあるバンダアチェ市の名は、津波の後、一挙に世界に知られる名となった。このときの地震のマグニチュードは九・三で、スマトラ島北部の沖から始まって、北の方へ岩盤の破壊が走り、震源断層面は千キロ以上に渡って形成され、その長い断層面に沿って海底が激しく変動したために、南北千キロ以上の細長い波源から津波が発生した。

大津波はインド洋沿岸の各地に伝わり、インドネシア、インド、スリランカ、タイ王国、マレーシア、東アフリカなどの各地に被害を出した。強震動と津波で死者の数は二二万人を超えると言われており、国連による緊急支援の算定は約一〇億ドルと報じられた。

バンダアチェ市でも、大津波による犠牲者は一〇万人を超えたと言われている。その大災害の記録を風化させずに残したいという意図で、家村さんは津波の高さを具体的に見てわかるようにポールの高さで示して、バンダアチェ市内のあちこちに立てようと提案した。

市内の学校やモスクの敷地や主要な道路に沿って、できるだけたくさん立てようという家村さんの提案によって、ジャカルタの日本大使館から草の根運動資金を受けた現地のＮＰＯである「ヤヤサンウミアバシア」の活動が始まった。

津波ポールの根元のプレートには、津波が地震の後どれだけの時間で、どの方向からやってきたのか、というような具体的な情報を書き込んである。立てたポールは八五本となり、ポールの高さは、低いものでも一メートルから、高いのは九メートルに達するものまである。

これら八五本を設置した様子の写真を集め、配置図などを作って、すべてのポールの場所に示すとともに、ポールの横で津波の仕組みなどの防災教育を行っているという。

高知県でも次の南海トラフの巨大地震に向けて、様々の予測と防災教育が行われているが、その中に、この家村さんたちの活動に学ぶ手法も取り入れてはどうだろうか。県の至る所に、次の南海トラフの巨大地震の直後、何分後にどれだけの高さの津波がやってくると予測されているかを、「津波予測ポール」として立てて廻るというわけである。地元の方たちにそれをいつも見てもらうのである。

政府や県のウェブサイトに様々の情報が出ているが、紙や掲示板で広報に努めていた情報が、最近はウェブサイトにあるからというので、逆に目に触れない。街角や学校の校門の横に、次の大津波の高さを予測するポールを立てるのは、比較的少ない予算と手間で、大きな効果をもたらす具体的な方法である。

高知県の皆さんが、あと数年のうちにぜひ実行してほしいと思う知恵である。

中国の地震と震災　いくつもの世界記録

二〇〇八年五月一二日、四川省に発生したマグニチュード八・〇の巨大地震による震災は、変動帯に位置する東アジアの特性を示す典型的な実例をまた加えるできごととなった。震災で亡くなった方々のご冥福を祈る。また、多くの被災者の健康と安全を祈っている。

二〇世紀最大の震災は、一九七六年七月二八日の唐山地震による震災で、死者は約二四万二千人だった。唐山市の地震前の人口は百万人、この都市の人口のほぼ四分の一に相当する市民が亡くなったことになる。この前後、中国の華北東北地区が地震活動期で、一連の大地震の中の一つであった。二〇世紀の世界第二位の震災も中国で、一九二〇年一二月一六日の海原地震による死者二二万人である。

世界史上最大の震災は、一五五六年一月二三日の陝西省華県の地震によるもので、死者の数が八三万人と言われている。中国の歴史地震の調査はたいへんよく行われており、この地震に関しても綿密な調査によって被害の状況や様々の地球現象が確認されているから、この死者数も信頼度の高い数字である。

今回の四川省の地震は、マイクロプレートと呼ばれることもある青海チベット高原の広大な岩帯が、四川盆地の岩帯の上にのし上がるように動いて発生した。もともとアフリカ大陸のあたりにあったインド大陸が、インド・オーストラリア・プレートによって北の方向に運ばれてきて、ユーラシア・プレートに衝突し、その衝突の圧縮力で青海チベット高原の大きな岩帯が形成された。その運動がどんどん続いているために青海チベット高原の岩帯は東西の両方に、はみ出してきて、一部は四川盆地の上にのし上がり、さらに岩帯を南へ押し出して、四川、雲南、ベトナム、タイというようなインドシナ半島を形成している。その端はスンダ列島で、インド・オーストラリア・プレートと押し合うことになった。

青海チベット高原の中や周辺では、次つぎと大規模地震が起こる。浅い大地震が世界で一番広大な範囲にべったりと分布しているのが青海チベット高原である。広い地震分布の中でマグニチュード七以上の大規模地震がたくさん起こっているのだが、高原の中には人のほとんど住んでいない地域が多く、大きな震災にならない場合も多いので、大地震の発生がニュースにならない。二〇〇一年一一月一七日のチベット高原の巨大地震はマグニチュード八・一であった。この巨大地震が起こったのは青海省の西部でチベット自治区との境界に近い場所である。標高五千メートルを超える山岳無人地帯で死傷者は報告されていない。青海チベット高原の北の端にも活断層運動があって、タクラマカン砂漠の低地に高原が乗り上げるような運動を繰り返す。甘粛省の敦煌莫高窟も、その断層運動でできた崖に近く、そこにもやがて大規模な地震が発生する可能性が高い。

インド洋に大津波をもたらせた二〇〇四年一二月二六日のスマトラ・アンダマン地震によって、インドシナ半島が南へ移動し、その運動が四川盆地を引っ張るように影響し、青海チベット高原から東へ押してくる力で起こる逆断層運動を加速したという仮説をもとにして、私は今回の四川省の巨大地震とそれにともなう現象を見ている。この地域では過去の地震活動でも大地震が連発したり、地震湖が氾濫して被害を増大させたりすることがあるので、しばらくは注意していなければならない。

写真２　四川省の都江堰（世界遺産）。隆起する青海チベット高原から沈降する四川盆地へ流れ込む濁流の配分をこの堰で調整する。

世界ジオパークネットワーク　日本の参加を目ざして

ユネスコが支援して進めている事業に「グローバル・ジオパーク・ネットワーク」という事業がある。重要な地質など、固体地球の持つ資産を活用して、市民が地球を知って、社会を発展させ、経済活動に貢献するための地域を指定する。そのような活動を通して、地球科学の教育や地球環境の教育に役立てることが大きな目的である。

ユネスコがジオパークと認証した地域によって、世界ジオパークネットワークがつくられている。固体地球の遺産を保全して教育に資するという点では世界遺産に似た事業でもあるが、地域の持続可能な発展や開発を保証しているということが世界遺産の事業と違っていると言える。

ユネスコがこの事業を始めたのは、二〇〇四年二月に「ユネスコの支援を受けるためのジオパーク運営ガイドライン」をユネスコ本部が制定したときである。それ以来、各国からの申請によってジオパークを承認する事業を始めた。日本はまだ具体的には参加していない。

固体地球の遺産であるから、世界中にあっていいと思うが、今のところ承認された地域の分布は偏っている。中国が一八のジオパークを持っていて最も多い。他に多いのはヨーロッパで、イギリス七、ドイツ六、スペイン四、フランス二、イタリア、オーストリア、ギリシャ、ポルトガル、アイルランド、ノルウェーにそれぞれ一か所である。それ以外の地域では点在していて、イラン、ブラジル、マレーシア、クロアチアに各一か所ずつである。

日本では、このユネスコの事業に関心をもつ自治体を中心に、日本ジオパーク連絡協議会が設立されていて、本格的な活動を始めた。ユネスコに申請して積極的に世界ジオパークネットワークに参加しようとして、すでに準備している地域がいくつかある。

日本ジオパーク委員会が発足することになり、その第一回の会合が二〇〇八年五月二八日に、産業技術総合研究所秋葉原事業所の大会議室で開催された。この委員会は、世界ジオパークネットワークへ申請する日本の候補地を選定するとともに、日本ジオパークネットワークという国内のネットワークを形成することも目標にしている。大学、学会、関連団体などから専門家一一名の参加で委員会が構成され、事務局が産業技術総合研究所に置かれている。第一回委員会には関連する省庁から一四名のオブザーバーも参加した。この委員会の最初の議事で、委員長に私が選ばれ、副委員長には東京都立大学名誉教授の町田洋さんが選ばれた。

世界ジオパークネットワークには、様々の重要な基準がある。科学的に見て特別に重要な地質を複数含むような美しい自然公園で、地層や地形を保存し、そこに観察のための道を整備し、専門のガイドが案内する地域の組織を整えてあることが必要とされる。

ジオという言葉は固体地球を意味する接頭語で、ジオパークには、教育、観光、地域経済に固体地球の遺産を生かすという目標がある。この事業を通して、地球科学を知り、それが自然環境とどう関わっているかを、子供たちが理解することを期待する。日本では地学が衰退している。地学は、環境問題の進展に、自然災害軽減の進展に基本的な役割となる知識を与える。ジオパークネットワークが地学の振興に貢献するよう期待している。

貴重な地球の遺産　室戸岬の変動地形

四国には地球科学を志す人たちが世界からよく訪れる。四国の北側には、秩父累帯北帯という地層がある。ジュラ紀中期からジュラ紀後期に、ユーラシア大陸の東の端へ、プレートの沈み込みで付加された地層である。その南側の地層は四万十帯と呼ばれる。白亜紀後期から第三紀までの新しい地層である。

四国の大地の地層は北から南へ、しだいに新しい年代である。四国の地質図は東西方向に伸びる様々の色の帯が並んで美しい。それらに、ジュラ紀、白亜紀、パレオジン、ネオジン、第四紀というような地質年代の名が古い順に付くのである。

海のプレートが大陸のプレートの下に沈み込むとき、陸のプレートの端がちょうどブルドーザーのような役目をして、海のプレートの上に乗ってきた堆積物をはぎ取り、それらを陸の端にくっつけていく。そのようにしてできた地層を付加体と呼ぶ。日本列島のかなりの部分がこの付加体からなっている。

とりわけ四万十帯は、高知県が誇りとする川の名が付けられた付加体である。高知県東部の南端、室戸岬周辺は、その付加体が陸上に姿を現す場所であり、また、様々の岩石が分布するすばらしい場所である。しかも、室戸岬は現在のプレート運動で上下運動を繰り返しており、その運動の結果が波打ち際に近い階段状の地形に現れている。また、第四紀後期の氷期と間氷期の繰り返しででき た雄大な海成段丘の地形も、室戸岬には見事に保存されている。

中央構造線から南側の西南日本外帯には岬が並ぶ。御前崎、潮岬、室戸岬、足摺岬で、それらに海成段丘が発達している。ゆるやかに海に向かって傾斜する海底が、海水面の変動と地殻変動とで離水した台地状の地形である。海成段丘は現在に近い時代に、その地域が継続して隆起運動をしていることを示している。

二〇〇八年一月七日から二日間、ユネスコの世界ジオパークに申請を希望している地域の視察に訪れて、私は地元の方々の熱意と、この大地の素晴らしい景観に触れることができた。空港の近くでまず高知コア研究所で、深部から掘り出されたコアを見た。東に移動し、羽根面、室戸面と呼ばれる海成段丘がよく発達した地域で、室戸少年自然の家の展望所からこの地形を一望した。ここが室戸半島でもっとも傾動運動が著しい区間であり、行当岬では室戸面が標高二〇〇メートルに達している。

室戸岬には、マグマが深部で固化してできた貫入岩や、その高温によってできた斑れい岩、砂岩泥岩互層という普段の泥と巨大地震のときの乱泥流の互層などが見られる。帰りに立ち寄った西分漁港の防波堤横の露頭には、メランジュと呼ばれる堆積物の混在の姿があった。本当に素晴らしい大地の姿がそこにあった。

写真３　室戸岬ジオパークで、タービダイト（乱泥流）による砂岩と泥岩の互層を見る。

プレート境界の超巨大地震その後　まだまだ続く連鎖的現象

スマトラ・アンダマン諸島に沿って、プレート境界の超巨大地震が起こったのは、二〇〇四年一二月二六日だった。その二年後のこの欄に、インドネシアでの大規模地震や火山噴火の連鎖現象を簡単に紹介した。その後も、インドネシアの広範な地域に、連鎖的に大規模活動が続いているので、超巨大地震後四年間のことを追加して書いておきたい。

この四年間にインドネシアに起こったマグニチュード七以上の地震は一二回あった。同じような仕組みでほぼ同じ拡がりの日本列島で、その間マグニチュード七以上の地震は二回だから、大地震がいかに多くインドネシアに起こったかがわかる。

二〇〇六年五月のジャワ島中部の地震で、最も被害が大きかったジョクジャカルタ特別州南部のバントゥル県で、復興と災害軽減に努力する村を私たちも訪問し、京都大学などの研究者とともに訪問記念の植樹をした。

ジャワ島のメラピ火山のことは二年前にも書いたが、その後わかったことがいろいろある。

二〇〇六年四月二四日には、噴火に備えて中学生らが避難訓練をしたという。そのときすでに警告が出ていて、火山近くの集落では数百人が家を離れて避難していた。五月一四日には、ふもとのジョクジャカルタ州スレマン県で大規模な火砕流が発生し、巻き込まれて地元のボランティアら二名が死亡した。避難壕に入ったけれど、だめだったという。六月になって標高二九〇〇メートル余の山頂付近にあった溶岩ドームの一部が崩れ、大規模な火砕流が発生して、山頂から五キロの地点まで達した。

スマトラ島中部の西スマトラ州パダン近郊で、二〇〇七年三月六日夜、地元の気象台はパダン近郊のタラン山（二六九〇メートル）の火山活動が活発化したため、火口から三キロ以内に近づかないよう勧告した。その日、地震が発生し、倒壊した建物の下敷きになって死者が少なくとも七〇名と発表された。

二〇〇七年七月一一日のニュースで、インドネシア東部の北マルク諸島で、標高一六三五メートルのガムコノラ山が前の週末から活発に活動し、断続的に噴火が起きていると伝えられた。一〇日には噴煙が二五〇〇メートルに達し、周辺の住民八〇〇〇人が避難した。

二〇〇八年四月一五日には、フローレンス島で、標高一七〇三メートルのエゴン山が、噴煙を四〇〇〇メートルの高さまで噴き上げた。住民六〇〇名は自主的に避難した。

二〇〇八年一一月一七日、スラウェシ島北部ミナハサ半島沖で、早朝、日本時間二時二分頃、マグニチュード七・五の大地震が発生し、日本でも気象庁が津波警報を出した。

このように、マグニチュードが九を超えるような超巨大地震が起こると、活火山が噴火したり、大規模な地震が発生したり、すさまじいほどの連鎖現象が広い地域に見られる。このような巨大な規模の現象の発生は珍しいが、日本列島にも決して無縁なことではない。

比良八講荒れじまい　活断層盆地の琵琶湖にて

二〇〇九年三月二六日、毎年行われる比良八講の日である。氷室俳句会のメンバーのうち私を含めて二〇名がこの行事に参加した。近江吟行句会の企画に参加したのである。比良八講が行われる琵琶湖と比良山系、その間に展開する扇状地の地形が、高知県の人たちが日頃見ている四国山地と南海トラフの間にできた高知の地形とは異なる活断層地形の典型であり、それを紹介してみたいと思う。

七時五〇分に家を出た。私の家は山科盆地の東端に位置する御蔵山断層の運動でできた丘陵の上にある。水平に堆積した地層が活断層運動でほとんど垂直にめくれ上がった地層断面を、近くの工事のときに見た。それほど活動的な活断層運動によって形成された丘陵の上に住んでいるのである。山科盆地の堆積層の中を走る地下鉄に乗って山科で降り、京阪電車で大津に向かう。逢坂の関があった峠を曲がりくねって走り、やがて浜大津に着く。目の前に近江盆地が拡がる。琵琶湖は近江盆地に含まれる低地である。

大阪平野と濃尾平野は、ともに活断層運動が生み出した平野で、その間にたくさんの盆地がある。この地域の今の変動形態は最近の五〇万年くらいの間続いていると考えられる。奈良、京都、山科、近江などの各盆地が比較的大きく、亀岡、篠山、伊賀上野など規模の小さい盆地も多い。これほど多くの盆地が細かく形成された地形は、世界的にも珍しい。

断層を境界として水平方向にずれることが多いが、断層の両端付近では上下のずれも目立つ。上下のずれだけを主とする断層運動もある。そのため一定の高さの山系に境された盆地や平野ができる。隆起山地から土砂が流れて坂をなす扇状地を作る。近畿北部にはこのようにして、たくさんの盆地や平野が形成されたのである。

比良八講は、修験者たちが比良山系から運んできた法水を湖面に注ぎ、物故者の供養や湖上安全を祈願する行事である。ちょうどこの時期に寒が戻り、琵琶湖と比良山の温度差で突風が起こるので、「比良八講荒れじまい」と言われ、それに関わる多くの逸話がある。

浜大津港で山伏や僧侶たちを先頭に約五百人が乗り込み、客船ビアンカで近江舞子を目指す。湖上で浄水祈願などを比叡山の渡辺元天台座主たちが行う。法水をそそぎ、紙塔婆を流して、一連の法要が終わると北に進路をとって比良からの風を受けて走る。雲が降りてきて、左手にある扇状地の地形を浮き彫りにする。その下に琵琶湖西岸断層がある。

近江舞子に着いて名勝「雄松崎」に向けて練り歩き、観音像の前で水難者を回向し、湖上安全を祈念し、般若心経を読誦、そして雄松崎で護摩が焚かれて比良八講は終了する。私たちは途中から和邇に場所を変えて句会を開いた。句会では、活断層運動による扇状地の地形を見事に描いた〈比良八講琵琶湖西岸坂嶮し〉という重富國宏さんの句を、私は特選に頂戴した。重富さんは高知県でも調査研究活動をしている地球物理学者である。

本州の最南端に立つ　三つの岬の連携を

二〇〇九年五月三〇日、六九歳の誕生日の前日、本州の最南端にある潮岬に立って私は沖を見ていた。潮岬は今、年間三ミリくらいの速度で沈降している。沖の南海トラフから、フィリピン海プレートが陸の下に斜めに沈み込んでいる。それと陸の岩盤とが固着しているために、沈み込みによって西南日本外帯の南端が引き込まれており、潮岬も沈降している。

真っ白な潮岬灯台が本州最南端に立っている。江戸条約によって全国に八基建設されたものの一つである。レンズのある所まで螺旋階段が六八段ある。六八歳の最終日なので数えながら上がった。遠くを見ると地球は丸いと感じる。

この地域は陸繋島であり、本州の本体と砂州でつながっていて、その砂州に串本の市街地がある。海岸の近くに島があり、沖からの波が島の裏側に廻ってきて打ち消しあって、大波のない場所ができて砂州が形成される。

灯台の近くに本州最南端の碑が建っている。この平坦な大地は標高六〇メートルから八〇メートルの隆起海蝕台地である。碑の南側が四〇メートル以上ある海蝕崖で、その下の海面に見え隠れする岩が現在の海面で浸食されて平坦になっている。次の南海地震のとき、隆起して新しい大地になる部分である。

串本の名勝、橋杭岩の日の出も見た。日本列島で南に向かって立つことのできる岬は多い。それらに立つと、当然ながら海から昇る朝日を拝み、海に沈む夕日を見るという楽しみがある。足摺岬も室戸岬も潮岬もそのような地域である。

それらの岬の沖に南海トラフがあり、そこでの沈み込みが深い海溝の海底地形を構成している。海溝と二つの岬に囲まれた海底には、海盆と呼ばれる海底地形が特徴的に見られる。熊野海盆、室戸海盆、土佐海盆、日向海盆と並んでいる。

岬の北側には西南日本外帯がほぼ東西方向に走っている。その南端にある岬を軸として、東から、明石山脈、伊勢湾、紀伊半島、紀伊水道、四国東部、土佐湾、四国西部、豊後水道というように東西方向に波うつような地形が形成されている。

地質構造から見ると、中央構造線から南へ、東西方向の三波川帯、秩父帯、四万十帯が平行に並んでいる。陸の先端がブルドーザーのように海洋プレートの上面に堆積した地層を集めて陸の先端にくっつけていく。それが西南日本外帯の付加帯である。

三つの岬は、二〇三八年頃に起こる南海地震の現場であり、巨大地震を繰り返してきた地形を共通の特徴とする。これらの地域が連携して次の南海地震に備える学習の場として、例えば、一つのジオパークを作るというようなことができれば、防災教育のみならず、地球環境や資源やエネルギー問題の理解にまでつながる絶好の地球学習のフィールドになるであろうと思いながら、潮岬に立って海を見ていた。

世界ジオパーク　日本から初の三か所認定

ユネスコの支援する世界ジオパークの委員会が、かねてより日本から申請の出ていた三か所について、世界ジオパークネットワークへの加入を認めるということを発表した。発表を待ちかねていた地元の方たちの大喜びの様子が映像で全国に伝わり、推薦書にサインした私もうれしかった。申請から現地審査までの地元の方たちのたいへんな努力に、あらためて敬意を表し、まずは、こころからお祝いを申し上げたい。

中国泰安市で世界ジオパークネットワーク事務局会議が開催されるというので、日本ジオパーク委員会の事務局からも現地に関係者が行って結果を待っていた。審議の結果が送られてくるメールを私も待ちかねていた。ようやく日本からも、八月二二日付で三か所の正式の認定が得られたのである。

今回、世界ジオパークネットワークに加盟を認められたのは、日本の洞爺湖有珠山地域、糸魚川地域、島原半島地域の三地域と、中国の阿拉善地質公園と秦嶺終南山地質公園の二地域、合計五地域である。これで世界ジオパークネットワーク加盟のジオパークは、一九か国の六三地域となった。日本の三地域は、これからそれぞれ「〇〇ジオパーク」という表札を、世界ジオパークのメンバーとして出すことができることとなった。これからもこの表札を守るための努力を続けなければならないが、これらの地域にはその力が十分あると私は思っている。

日本ジオパーク委員会の事務局が説明のために出した資料をもとに、三つの地域それぞれの特徴を簡単に言うと次のようになる。

洞爺湖有珠山ジオパークは、二〇〇〇年に噴火した有珠山とその被害遺構、一九四四、四五年の昭和新山、約一〇万年前のカルデラ湖がみどころ。変動する大地との共生がテーマ。

糸魚川ジオパークは、五億年に渡る様々な時代の多様な岩石と地層、本州を二つに分ける糸魚川ー静岡構造線とフォッサマグナがみどころ。縄文文化とヒスイ、断層と塩の道など、ジオと人の関わりがテーマ。

島原半島ジオパークは、一九九〇年から一九九五年に噴火した雲仙普賢岳と災害の遺構、一七九二年の噴火の遺跡、雲仙地溝の活断層地形がみどころ。火砕流の恐ろしさと火山の恵みがテーマ。

すでに日本ジオパークに認定されている室戸地域も、世界ジオパークを目ざしてユネスコに申請する準備を進めている。他の地域にない室戸地域の大きな特徴は、海のプレートが陸のプレートの下に沈み込むプレート境界に面している地域だということである。沈み込み運動による付加体の地質や、巨大地震の繰り返しを目の当たりに見ることのできる地域であるという特徴が人びとに理解されるよう、時間をかけて丁寧に、充実した準備が行われることを期待している。

ヴェーゲナーから百年　寅彦が伝えた大陸移動説

来年は、ヴェーゲナーが大陸移動説を思いついたとされる一九一〇年から一〇〇年である。その大陸移動説を日本に初めて紹介したのは、高知出身の寺田寅彦であると言われている。寺田寅彦は一八七八年に東京で生まれたが、八一年には郷里の高知市に転居した。私も同じく東京で生まれ、郷里の香美郡に転居した後、在所村（今の香美市）の小学校に入ったから、出身はと聞かれれば高知と答えている。

京都大学の総長であったとき、私は入学式や卒業式などで、たくさんの式辞を読み上げ、様々の場面で最初の挨拶をする機会などがあった。その原稿の一部を編集した『変動帯の文化』と題する本が出版された。その本の「おわりに」を書いているとき、京都大学の歴史とヴェーゲナーの大陸移動説の歴史を比べてみる気になった。

変動帯の文化という言葉を本の題に使ったのは、京都大学が活断層運動でできた盆地に設置されて以来、活断層盆地の堆積層に蓄えられた豊富な地下水を利用して発展した文化とともに教育研究活動をしてきたという歴史があるからである。

プレート境界の近くでは、プレートとプレートとの相対運動で大きな力が働き、岩盤が割れて大規模地震が発生したり、海のプレートの沈み込みでマグマ溜まりができ、火山が噴火したりする。プレートの集まってくる地域では、海溝が発達し、変動帯の島弧や山脈ができる。プレートが大陸を乗せて水平に動いているという考えは、二〇世紀の後半になって生まれた考えであるが、二〇世紀の前半に、大陸が移動するという概念を熱心に提唱したのは、アルフレッド・ロータル・ヴェーゲナーであった。

一八八〇年、ベルリンに生まれたヴェーゲナーは、一八九九年にベルリン大学に入学した。寺田寅彦は一九〇九年、東京帝国大学助教授になると同時にベルリン大学に留学し、物理学や地球物理学や地理学を学んだ。帰国した後、寺田寅彦は、東京地学協会総会で「アイソスタシーに就て」と題する講演を一九一五年に行い、その中でヴェーゲナーの大陸移動説を紹介したという。また、関東大震災の直前には、日本天文学会で大陸移動説について話したという記録がある。

ヴェーゲナーの『大陸と海洋の起源』の第一版が出たのは、一九一五年であり、その後、二〇年、二二年と版を重ね、二九年に第四版が出た。第四版の第一章は、この本が生まれた事情の説明から始まる。「大陸移動という観念を私がはじめて思いついたのは、一九一〇年のことであった。それは世界地図を見て、大西洋の両岸の海岸線の凹凸がよく合致するのに気がついた時であった」とある。寺田寅彦のいたベルリン大学で、このヴェーゲナーの考えが教授たちの話題になっていたにちがいない。

日本語訳は、北田宏蔵訳『大陸漂移説解義』が一九二六年に古今書院から、仲瀬善太郎訳『大陸移動説』が一九二八年に岩波書店から出版された。

島原半島ジオパーク　普賢岳噴火からの復興

世界ジオパークネットワークに加盟した島原半島を訪ねた。一九八九年から九五年に噴火した雲仙普賢岳と被災跡、「島原大変肥後迷惑」という一七九二年の噴火の跡、雲仙地溝の活断層地形、火砕流の恐ろしさと火山の恵みが島原半島ジオパークのテーマである。夜遅く着いた長崎空港のロビーには「世界ジオパーク日本第一号」と書いた旗があった。

翌朝、火山を研究している九州大学教授の清水さんの案内で市内を巡った。ホテルの目の前にある眉山も約四〇〇〇年前の熔岩ドームである。町に小山があり、小さな島も多い。島も流山と呼ぶ。島原城も古い流山の上にあり、古地図にも流山が描かれている。

清水さんの説明は、大地のしくみ、暮らし、歴史と続く。二三のジオサイトに、朝風呂に入った温泉も、市内の湧水も入っている。六〇か所からの湧水量は一日あたり二二万トンだという。昼食は海の幸で、生け簀に蟹も河豚も貝もいて、島の人たちが自然を楽しんでいる。

午後の認定記念講演会で私と渡辺真人さんが専門家の立場から、日本ツーリズム産業団体連合会会長の舩山龍二さんが、これからの旅行のあり方を話した。舞台の背景は、小崎侃さんの版画屏風画で、ジオパーク発足を祝って製作された大作である。

記念講演会には周辺地域からもジオパークに関係する多くの人たちが参加していた。雄大な阿蘇と新しい噴火跡の島原半島と、アンモナイトの化石に触れることのできる天草とが連携してジオツアーを組むと、楽しい旅が実現するにちがいないと思った。

翌日、島原半島ジオパーク推進連絡協議会の事務局長である杉本さんと博士学位を持つ火山学者である大野さんの案内でジオサイトを巡った。杉本さんは地元で育った。大野さんは活動的な科学者で、二〇〇九年四月に着任し、すでに半島の隅々まで、大地も暮らしも理解しており、地元の人とも顔なじみである。フィールドワークの成果を具体的に語る。

大野木場小学校跡を見る。大規模な火砕流が民家一五三棟とこの小学校を襲ったときの写真が校庭のパネルにある。そのときの生徒もすでに成人した。校庭には地元の語り部がいて、シルバー人材センターの方たちが丁寧に清掃していた。

半島を縦断する。硫黄が臭う地獄を見ながら下って小浜温泉に着く。源泉温度が摂氏一〇五度で、熱量世界一の温泉である。一日の湧出量が約一五〇〇〇トンある。

小浜小学校の卒業生たちが作った案内板があちこちにあり、手書きの文字と絵と写真で個性的な説明が楽しい。温泉卵を食べながら足湯で疲れをとる。千々石湾をへだてて千々石断層のまっすぐな崖が見える。半島の南端が口之津である。立派なアコウの群落が石垣を包み込んでいる。玄武岩のサイトに噴火の歴史の説明板がよく整備されている。

夕食に、念願の焼き蟹、オコゼの刺身、その頭の味噌汁、甲貝の刺身を食べた。島原半島ジオパークを「見る、食べる、学ぶ」のこころで堪能した旅であった。

山陰海岸ジオパーク　拡大した日本海を見る

去年と今年、山陰海岸を訪れる機会があった。山陰海岸ジオパークは、京都府、兵庫県、鳥取県の三府県が連携して運営する日本ジオパークネットワークのメンバーであり、今ユネスコが支援する世界ジオパークにも参加するように申請していて、審査を待ちながら整備を急ピッチで進めている。

海洋プレートが陸のプレートの下に沈み込んでいくと、その沈み込みの背後にマントルからの上昇運動が起こり、陸地の中に広がる力が働いて、ときには大地が裂けて拡大し、新しい海ができる。それを縁辺海という。そのようにしてできたのが日本海であり、拡大の始まりは新しく、今から一八〇〇万年ほど前から一気に海が拡大してできた。日本海ができたことによって、陸地の一部が大陸から離れ、日本列島が誕生したのである。

二〇〇九年五月、山陰海岸ジオパークの東の端を巡ることができた。夕日ヶ浦温泉を出発して五色浜に向かった。浜に降りていくと波に洗われた硬い岩場ができている。岩にはたくさんの礫が含まれている。それを渡り歩いて岩の隙間にたどり着くと、そこに小石がある。この小石がこの浜の価値を高める。

浅茂川漁港から小浜を経て、琴引浜鳴き砂文化館に到着した。展示された砂の器を次ぎつぎと、すりこ木のような棒でついてみて、鳴き方を確かめる。浜に出て、歩き方を練習すると砂が鳴く。岩場に油が漂着して、地元の方たちが布で丁寧に岩の油を拭き取っていた。この日、一〇〇人ほどの方たちが、豆粒ほどの大きさの油を丁寧に一つずつ拭き取っている。この日は、丹後半島を巡って天橋立の景色を見て帰った。

二〇一〇年二月、鳥取県側を訪れた。鳥取温泉を出発して鳥取砂丘を歩き、大山火山灰の地層を見た。鳥取砂丘ジオパークセンターの準備が進んでいた。古砂丘の露頭にある姶良火山灰層も見た。火山灰層の調査をもとにして、砂丘の形成史が詳しく調べられているということが、ここの砂丘の持つ価値の一つである。

東となりの岩美町へ移動し、できたばかりの「浦富海岸ジオエリアガイド」を手にして船に乗った。冬場であるにもかかわらず海が静かで、浸食地形、海食洞、海食崖を間近にして、大陸から別れてきた海岸を自分の目で見た。鳥取港の市場で日本海の幸を買って京都に帰った。

山陰海岸のジオパークとしての意義は日本海ができた地球の歴史を学ぶことにある。日本海の成因と、土佐沖の南海トラフからのフィリピン海プレートの沈み込みや、太平洋プレートの沈み込みとの関係は重要である。日本列島全体の形成過程を学ぶという観点から､ジオパーク間で連携して、その意義を整理しておいてほしい。そういうジオパークの連携が、日本列島を知るための基礎知識を市民に提供していくことになると思う。

神奈川県温泉地学研究所　鯰の会の観測記録

神奈川県は、温泉地学研究所という日本では珍しい自治体の研究所を持っている。現在、国立大学や大学共同利用機関などは、厳しく評価を受けるために、短い期間で成果が出やすい研究を重視する。そのため地域に密着した地道な研究などが、かならずしも十分に行われていない。この温泉地学研究所は、一九六一（昭和三六）年から連続的に活動して、箱根を中心とする地域の温泉、地震、火山などの現象の観測を続けており、貴重なデータを蓄積している。また、地元の温泉に対して有料で温泉の認定や、管理、保護に役立つ各種の分析や調査を引き受けている。

この研究所には専門家が配置され、観測という地道な仕事を続けているが、それだけでなく、大きな特長の一つである「鯰の会」の運営を続けている。これは、全国的に市民のネットワークを展開しつつ、地下水の水位の変化を観測し、地震の前兆現象を検出しようという目的を持つとり組みであり、実際に地震の前兆現象をとらえた実績を持っている。現在、産業技術総合研究所などで、次の南海地震に備える地下水の研究が行われているが、この「鯰の会」の活躍によって、観測点の分布の密度を上げることができる。また、市民が大地の現象に理解を深めるためにも役立っている。日本の地震学者の有志によって、かつて「群発地震研究会」という組織が結成されて、全国の群発地震に関するデータベースを編纂する事業などが行われた。そのときの有力な拠点の一つがこの温泉地学研究所に置かれていた。いうまでもなく、箱根地域はたびたび群発地震が発生する地域の一つで、地元の人たちは、そのたびに不安を感じる。そのようなとき、地元に詳しい専門家がいて、過去の群発地震のことを記録したデータをもとに研究している拠点があることは、まことに心強いものである。

この群発地震の研究の成果が、たとえば有珠山の噴火に際して活用された。みごとな避難行動が行われて、死者はもちろん負傷者さえ出さなかったという快挙だったが、それも地元に歴史のある火山観測所があったということが大きな意味を持っていた。同じように、地震や火山活動の存在する箱根地域の足もとの大地を、しっかりと観測する温泉地学研究所の存在は、箱根地域にとって、たいへん重要な意味を持っている。

日本ジオパークの活動がようやく軌道に乗ってきた。私は、日本全体がジオパークになる資格を持っているといつも述べているが、その大地のしくみを、地域のことを調べる専門家が地元にいて、科学的な説明をするガイドを養成できるということが、ジオパークであるための重要な要素である。

室戸ジオパークは、現在のプレート境界の動きを観察することができる、世界に類を見ない重要な場所である。ジオパークの拠点を地元に置き、地域の文化を支える中心として活躍する専門家を常駐させることが重要なポイントであることはまちがいない。

日本ジオパークネットワーク　全国大会に出席して

糸魚川市で日本ジオパークネットワークの人たちが集まり、二〇一〇年八月二一日から三日間、初めての全国大会が開催された。一日目、ネットワーク発足に必要な定款を定め、今後の計画を決めた。懇親会も盛況で、一〇〇人ほどの関係者がテーブルを囲んで、それぞれジオパーク自慢の酒を紹介した。

二日目午前、分科会に分かれた。私は第三分科会でジオパークの産物やグッズの紹介、またジオパークの今後を考える討論に参加した。ジオパーク千年構想という考え方をテーマに、六つのテーブルに分かれて議論した結果を発表しあうと、すばらしいアイディアがたくさん出てきたことがわかった。

室戸ジオパーク沖の海底にタイムカプセルを固定しておく。数回の南海地震のあとそれが陸上に現れる。また、千年後に今を伝えるためには、ＣＤなどに書き込むより、人から人へ語り継ぐのが確実だという意見があった。千年後まであえて不便さを残し、ゆっくり大地を歩いて地球の営みを感じてもらおうという提案もあった。長もちする活動は、広い地域をまきこんだ交流から生まれるという見方もあった。未来を考えるため、千年の過去を見つめて年表を編集し、各ジオパークの千年前の地図を描いてみようという提案もあった。

地球表層のプレート運動は、ゆっくりといっても一〇〇〇万年の間には一〇〇〇キロ移動し、一〇〇〇年の間には、南海大地震は一〇回ほど発生し、有珠火山は二〇回近く噴火活動を繰り返すかもしれない。ジオパークでの活動は、大地を見る様々な目を開かせてくれるものだと、議論を聞いて心強く思った。

二日目午後、一〇〇〇人を超える市民が大ホールに集まってきた。新しく認定された四か所の日本ジオパークに、認定書を私からさし上げた。いくつかの講演を聞き、武田鉄矢さんを中心とするパネル討論に大きな拍手があった。

三日目、糸魚川ジオパークの二四か所あるジオサイトの一部を見学する巡検に参加した。フォッサマグナ博物館で化石やヒスイなどの美しく輝く鉱物を観察し、構造線の上に立って、西側のユーラシア・プレートの端にある変成した斑れい岩と、東側の北アメリカプレートの端にある安山岩が接して押し合う現場を見た。枕状熔岩の断面を崖で観察し、歩荷茶屋で笹寿司と蕎麦を味わった後、いよいよヒスイ峡谷である。四四〇メートルの石灰岩の鉛直の岸壁の麓に、峡谷の緑の中に巨大なヒスイ原石が並んでいる。渓谷に降りると、みごとな礫岩もあるが、参加者は明らかにヒスイを探している。

糸魚川の言葉で、二人称を「おまん」という。この土佐弁と同じ言葉を知ったのも収穫の一つだった。複数は「おまんた」という。「おまんた、まめでおんなるかね」（あなたたち、元気でおられますか）という挨拶を、世界を目標とする室戸ジオパークの皆さんに送って、糸魚川訪問記の終わりとする。

龍馬の墓と活断層　大地震を考え紅葉狩り

好評のうちに「龍馬伝」が終わった。その機会に龍馬の墓参りをした。まず、当日の行程である。京阪電車祇園四条駅から南座の前に出る。「吉例顔見世興行」が一一月三〇日から始まる。人通りの多い四条を東へ向かう。四条通りは、西山断層の断層崖にある松尾大社から、東の清水山西断層の断層崖から少し離れた祇園石段下までである。

八坂神社の境内を抜けると東へ昇る坂道で、活断層運動で隆起する東山から浸食された土砂が京都盆地に流れ出てきてできた扇状地である。坂がきつくなって息が切れる。円山公園の池を渡って奥へ進むと、そこに坂本龍馬と中岡慎太郎の大きな像がある。像の後ろと向かって右側に、ちょうど見頃の楓紅葉があり、左側に背の高い松の緑がある。像の背後に立ち上がる崖が清水山西断層の断層面である。

西へもどって下河原の道を南へ歩き、石塀小路の石畳をたどり、ねねの道に出ると多くの観光客が歩いている。霊山観音へ向かう坂道は「維新の道」と呼ばれる。その坂をまた昇るが、この坂も清水山西断層に向かってきつい昇りで息が切れる。

　右手に、京料理の老舗である京大和の門があり、「翠紅館跡」という立て札がある。ここは、三条実美、桂小五郎、坂本龍馬らの志士の会合の場所となった。保護建造物となっている送陽亭には、参加者の写真が飾ってある。この料亭の部屋から八坂の塔を経て見渡す京都盆地の景色と、西山に沈む夕日の美しさは格別で、その景色が料理の味を引き立てる。

　坂を昇り終わった場所に墓地の受付があり、三百円を投入して石段を上がる。登り口に案内板があって、多くの人名が書かれている。一番上にあるのが木戸孝允の墓である。赤い柵のある場所に人が並んでいる。坂本龍馬と中岡慎太郎の墓参りの人たちである。龍馬の命日は旧暦で慶応三年一一月一五日、中岡慎太郎の命日は同年一一月一七日である。新暦のその頃紅葉狩りの人びとと墓参の人たちがとくに多い。

　「龍馬伝」の第四五回「龍馬の休日」では、龍馬との久しぶりの再会に、おりょうさんが喜ぶが、奇兵隊の人たちと飲みに出かけた龍馬は朝帰りする。帰りを待つおりょうさんが、座敷に紅葉を一面に並べる場面が強く印象に残った。そのおりょうさんの墓は、横須賀市にある。横須賀市には、海洋研究開発機構の本拠地があり、隣の横浜研究所では、スーパーコンピュータ「地球シミュレータ」で、南海トラフの巨大地震のシミュレーションの研究が進められている。地球深部探査船「ちきゅう」が採取したコア試料は凍結されて、南国市の高知コアセンターに保存され、地下深部に生きる未知の生物の研究や、南海地震の研究に提供される。

龍馬の墓から活断層盆地の地形と近い将来の大地震のことを考えながら、夕暮れの紅葉狩りを楽しむ一日であった。

ニュージーランド地震に学ぶ　高知市の地盤の状況は

二〇一一年二月二二日、ニュージーランド南島のクライストチャーチにマグニチュード（M）六・三の中規模地震が起こって、震災の規模が大きく、連絡の取れない方も多い。

昨年、二〇一〇年九月四日、クライストチャーチの西方約四五キロで、M七・〇の大地震があった。この地震でクライストチャーチの市内でも建物に被害があった。ニュージーランド政府はこのとき、推定被害総額が同国史上最大の六〇〇億円を超えると発表した。ニュージーランドには活断層が多く、プレート境界も上陸しており、大地震が多い国ではあるが、人口が少ないので震災はあまり経験していない国である。したがって、この昨年のニュースは特別に記憶に残るものだった。

この大地震の小さい余震が東西に細長く分布していて、活断層に沿って本震が起こったことを示していた。内陸の活断層でM七クラスの地震が起こると、余震は数十年続く。本震直後は、弱くなった構造物も残っているので、余震は中規模でも被害を出す。

余震は本震の震源断層面がさらに成長するように岩盤が破壊して起こる。今回の地震は、そのような典型的な余震で、震源断層面が東に向かって成長して起こった。規模は中規模であるが、都市直下に起こった浅い地震であった。

今回の余震の震源断層面は、深さ五キロの震源から北に数キロ走ったという。その断層面のずれで、地表が最大四〇センチ以上も動いたという。日本の国土地理院による地球観測衛星「だいち」の画像分析でわかった。画像分析の結果には他に不規則の変動があるようで、これは、地盤が大きく液状化して流れてしまった可能性を示唆している。

液状化の状況は、現地で専門家が詳しく調査しなければわからないが、ニュースでは、かなり大規模な地盤の液状化現象が見つかったという。広く噴き出した砂で地表が覆われていて、厚いところで五〇センチも砂が堆積しているという。四〇センチほど沈んだ家もあったようだ。昨年九月の地震でも液状化で四千棟の住宅が生活できなくなったというから、液状化しやすい土地なのであろう。

中規模の余震の例は日本でも多い。例えば一九四三年の鳥取大地震の中規模余震は一九八三年になって鳥取県中部に起こった。未来の可能性の例をあえてあげれば、福岡沖の大地震の余震が南東へ伸びる場合などであろう。

振り返って高知県の場合、次の南海地震は二〇四〇年までと予測され、津波、震度分布、揺れによる液状化、また建物の被害の予測などが発表されている。それらを今一度よく見て、対策が進んでいるかどうかを点検してほしい。高知県や高知市の出す情報も充実してきている。また、専門家も様々な工夫をして、市民の関心を引く努力をする。例えば、高知地盤災害関連情報ポータルサイトでは、高知市の地質相談の窓口を用意して、市民の相談を待っている。

東北地方太平洋沖地震に学ぶ（一）　これほど早く起こるとは

二〇一一年三月一一日の東北地方太平洋沖地震から五日後、ロサンジェルスからメールが届いた。一九九五年、神戸で被災して、たった一人で努力しながらメークを学び、ハリウッド映画の字幕に名前が出るようになった高知出身の女性である。「あらゆる災害が一度に東北の人たちに襲いかかり、私の中の今までの地震災害の姿をさらに恐ろしいものにしました」とあり、「日本に帰って、何かできないか、と思いつつも、結局、一番今、確実にできることは、募金なのだと、繰り返し自分に言い聞かせています」と続いている。

さらに「携帯はフル充電であるよう、眠るときは、メガネ、携帯、小さなフラッシュライトだけは枕元にいつも、いつも置いてください。クセになるまで、忘れませんように」と結んである。高知の皆さんに、今これを伝えるだけで、震災対策の心構えに関しては十分だと思った。

巨大地震から六日たって一七日朝、ニュースに変化があった。震災だけでなく具体的対策が報道された。新潟県は、受け入れ態勢のための自治体の会議を開いた。ケア体制、避難者の受け入れを決める動きが相次いだ。例えば、長岡市は被災地から一万四〇〇〇人の避難者を受け入れることを決めた。高知県も、被災者を県営住宅や県職員住宅などに家賃免除で受け入れ、市営住宅への入居も支援する。東京都は、まずアルファ化米一〇万食、飲料水五千本、子ども用下着一万枚を送る。

このような対策には、ある程度の準備の時間が必要だが、巨大地震の後の数日、ずいぶん進んできた。

高知県出身の地震学者として、高知新聞を通じて皆さまへのメッセージを書くことになった。「視点」などで、地震のことや地球のことを今までにも伝えてきた。しかし、南海トラフよりも先に、これほど早く東北日本で巨大な現象が現実に起こるとは思っていなかった。

「視点」の読者には、巨大地震の発生そのものは納得できる面があると思う。今までの内容を振り返ってみると、二〇〇四年のスマトラ・アンダマン地震のときから、様々な見方で巨大地震を考えてきた。それらを繰り返して列挙してみる。

「弧状列島は太平洋に面してたくさんあり、日本列島の弧状の並びもそのような海洋プレートの沈み込みによってできている。千島列島、東北日本から琉球、あるいは伊豆からグアムへ向かう諸島などが、みな同じ仕組みで形成された。」「同じような仕組みを持つ日本のプレート境界の活動のモデルにもなるのだから、たいへん参考になり、次つぎと明らかになる事実に皆が注目している。」「巨大地震のあとの二年間だけ見ても、次つぎと大規模の地震や火山活動が、そのプレート境界全体に連鎖的に起こるということがわかる。」「マグニチュードが九を超えるような超巨大地震が起こると、活火山が噴火したり、大規模な地震が発生したり、すさまじいほどの連鎖現象が広い地域に見られる。このような巨大な規模の現象の発生は珍しいが、日本列島にも決して無縁なことではない。」「室戸地域も、世界ジオパークを目ざして（略）巨大地震の繰り返しを目の当たりに見ることのできる地域である。（略）」

そして前回は、ニュージーランドの地震のことを解説したとき、次回には、インド・オーストラリア・プレートの一連の現象が終わると日本列島へ来ると書くつもりだった。自然は、ときとして突然に巨大な現象を起こし、地球の仕組みを教える。どんなに巨大な現象であっても、起こったとたんに不思議なくらい納得できるのである。

東北地方太平洋沖地震に学ぶ（二）　津波をなめたら、いかんぜよ

今回の二〇一一年東北地方太平洋沖M九・〇の巨大地震は、太平洋プレートが潜り込む境界の、三陸沖から北関東の沖までの岩盤が一挙に動いて起こったものである。それぞれの県の災害予測で、一つずつの地震の可能性と津波などの予測は完了していたが、それらが、三月九日、仙台沖から始まって、一一日の午後までに、ほとんどすべて一度に動いてしまって、今回の巨大地震となった。このような巨大な現象は、五〇〇年あるいは一〇〇〇年に一度というような自然現象で、それほどたびたびあるものではない。

今回のような東日本の巨大地震は、西暦八〇〇年代に起こった。西暦六八四年、南海トラフに発生したM八・三程度といわれる巨大地震の後、日本列島はしばらく静かであったが、八〇〇年代に入ると、M七以上の大地震が連続して、日本列島全体にわたって地震活動期になり、それは、八八七年の南海トラフの巨大地震まで続いた。八〇〇年代にM七以上の地震は、一〇回ほど起こったが、その中で、八六九年の三陸沖地震が、M九クラスの巨大地震であった可能性がある。

そして、この三陸沖の巨大地震の一八年後、八八七年の南海トラフ沿いの巨大地震が起こっている。その後は、日本列島全体が、またしばらく静かになって、次のM七クラスの大地震は、九三八(天慶元)年の京都の地震まで起こらなかった。このときのことに学ぶと、南海トラフの巨大地震は、すぐには連動していないが、内陸活断層の地震は、あちこちに前後して起こっていることがわかる。また、火山活動も八〇〇年代には活発であり、とりわけ富士山の貞観の大噴火が目立った。八六四年六月から八六六年にかけての噴火で青木ヶ原溶岩が形成された。

このような八〇〇年代の巨大地震のときの現象を今に置き換えてみると、一九四六年の南海地震や一九四八年の福井地震の後、しばらく日本列島は静かであって、その後、一九九五年にM七クラスの兵庫県南部地震があり、二〇〇〇年の鳥取県西部地震などが続いて、地震活動期に入ったという概念ができていた。そして、次の南海トラフの活動は、しばらく先の二〇三〇年代後半と予測されている。太平洋プレートの潜り込みで起こった今回の巨大地震の後でも、別のフィリピン海プレートの潜り込みによる南海トラフの地震の長期予測は変わらない。八〇〇年代のときにも、すぐに連動していないし、万一すぐ動いても規模はまだ小さい。また、三〇年後に南海トラフが全面的に動いても、今回の地震ほどは大きくない。

M九クラスの巨大地震は、二〇世紀の初めから数えて世界で七回起こった。それらを比べ、さらに八〇〇年代の日本列島の現象をもう一度よく調べて、日本列島の仕組みを、基本から考えてみたいと、今、私は思っている。自然から学ぶべきことは多く、近年の目覚ましい観測網の発達によって急速に蓄積してきた大量の情報と、発達したスーパーコンピュータの技術を駆使して、このような列島全体にわたる地震や噴火活動のシミュレーションも、次の南海トラフの活動に間に合うよう、今後試みるべき重要な研究課題であると思う。

今回、高知にも津波警報が発令され、沿岸各地に避難指示や勧告が出た。須崎港では少なくとも四隻が転覆し、県内最大の二・六メートルの津波が観測された。須崎市では、沿岸地域一万六二六四人が避難対象だったが、避難したのは一〇七五人だけだったという。高知県の皆さんにはこの実例をもとに、一つだけ意見を言っておきたい。「津波をなめたら、いかんぜよ！」

隆起する室戸岬・沈降する松島　いよいよ南海地震本番へ

二〇一一年東北地方太平洋沖地震で、名勝松島は強震動で崩れた場所もあるが、全体として被害は少ない。しかし巨大地震で島々が沈降した。松島から南でも北の三陸沿岸でも、一帯が沈降してそこに大津波が来て、土地に浸水があって住めなくなっている場所が多い。

太平洋プレートが東北日本の下に、日本海溝から沈み込みながら陸地を引きずり込んでいて、大陸棚の海底は長い期間に沈降しており、その背後の三陸海岸あたりは逆に隆起していた。それが巨大地震の発生とともに、海溝に近い海底は跳ね上がって大津波を起こし、三陸海岸は地震発生とともに沈降して、そこに津波が押し寄せてきたのである。

同じように、高知の沖にある南海トラフから、フィリピン海プレートが沈み込みながら陸のプレートを引きずり込んでいる。今はそれとともに室戸岬は沈降しており、いずれ起こる巨大地震とともに跳ね上がる。これは一見、松島や三陸海岸の現象と逆に見えるかもしれないが、実はまったく同じ現象で、室戸岬は、海溝からの距離が近いので、三陸沖の海底にあたる部分が見えていることになる。東北地方の東の沖の海底と同じように、巨大地震の前の期間、今はゆっくりと沈降している。東北の三陸沿岸や松島にあたる地域は、西日本の場合には、地震の前に隆起している高知市あたりから北の地域であり、徳島や大阪あたりも今は隆起しているのである。

海溝からの距離で比べると、松島のある位置は大阪あたりになる。だから人が住む陸地という地形に焦点をあてて見ると、三陸海岸と室戸岬は、巨大地震に関連してまったく反対の動きをするように見えるのである。このことは地震や、あるいは地震で引き起こされる災害に関連する仕事をしている人に、よく知っておいてもらう必要がある。

このことを言いかえれば、室戸岬ジオパークは、東北地方の沖に起こった巨大地震の発生の現場を、さらに震源地域の近くで、例えるなら三陸沖の海底の位置で見ることができる大地の公園であるということになる。この点をしっかりと世界の人びとに伝え、室戸岬の大地の持つ意味を伝えてほしいと思う。あと三〇年ほどで起こる巨大地震の準備過程の現場と、それによる震災を軽減するための地元の人びとの取り組みとの、両方を学ぶことのできるジオパークとしての価値が、室戸岬にはある。このようなジオパークは、世界のどこにも存在しない。

二〇一一年度の高知県の一般会計予算を見ると、「県民の安全・安心の確保に向けた地域の防犯、防災の基盤づくり」の予算一二三億円が組まれており、南海地震の発生を見据えた小中学校の耐震化支援、津波避難タワーの整備などが組み込まれている。同時に「日本一の健康長寿県づくり」に四五五億円が計上されている。せっかくの長寿の県で、津波による死者を出すことがないよう、何よりも県民の皆さんが地球のことをよく学習して、南海地震の本番に備えていってほしいと願っている。

土佐清水市への旅　大地の景観と津波対策

念願がかなって土佐清水市を訪れた。アンパンマンの特急に乗って車両の写真を撮ったり、沿線の景色を楽しみながら中村駅に着くと、土佐清水市の担当の方と、私が在所村第三小学校（当時）に入学したときの同級生が迎えてくれた。

第三八番札所に立ち寄ったが、名刹への期待に反して、境内の産地不明の巨石群など、最近の手の加え方がひどく、足摺岬の自然の偉大さにはほど遠い姿であった。

それはともかく、土佐清水市の大地の景観は見事で、足摺岬から空と海を分ける明瞭な水平線を見た。日本最初の海中公園である足摺・宇和海国立公園の竜串と見残しで、砂岩と泥岩の互層が風や波によって浸食された海岸を歩いた。とりわけグラスボートで観察した珊瑚の海底はすばらしかった。海遊館のジンベエザメもこの土佐清水市が故郷である。

今回の訪問の目的は、これから三〇年ほどして発生するであろう南海トラフの巨大地震に備えて、地震と津波の仕組みを夏期大学講座で学んでもらうことであった。

今回の東日本の巨大地震では、日本のすべての沿岸に、大津波警報、津波警報、津波注意報の、いずれかが発表されたという日本で初めての経験をし、高知県にも被害があった。須崎港周辺を高知地方気象台が実地に調べた結果、湾入り口の検潮所で観測した津波より四〇センチ以上高い三・二メートルの高さに津波跡があった。また、土佐清水市では、市街地近くの清水港の検潮所で一・三二メートル、三崎漁港の電灯の柱にはこれより高い一・七メートルの津波高を示す痕跡が見つかった。西日本で津波高が三メートルを超えたのは須崎港だけである。

須崎港では、二〇一〇年二月末のチリ沖地震による遠地津波で、国内最高の一・七メートルを記録したが、今回の津波でも西日本で最大級となった。須崎湾が入り組んだ地形で、津波が湾の奥に行くほど高くまで遡上する傾向がある。

高知県では、津波遡上の様子を動画にして、安芸市と土佐清水市における陸上の津波の挙動をウェブサイトに公表している。国も県も様々の情報を発信している。また、近くの自治体の発信する情報も役立つことが多い。例えば、土佐清水市の場合、愛媛県側の宇和島市で、津波記録を紹介している。それには、一九六八年の足摺岬沖を震源とするマグニチュード七・五の地震で、津波の第一波が、土佐清水市に地震発生後約一五分、宇和島に約三〇分で到達し、波高は土佐清水二三六センチ、宿毛で二二四センチと記録されている。

最近の研究成果では、東海、東南海、南海地震が連動して起こるうちの何回かに一回は、日向灘まで震源域が延びていたことがあるという。土佐清水市の波高は一〇メートル以上になる可能性もある。

来る八月一二日には、あしずりまつりが行われる。土佐清水市の皆さんに、足摺宇和海国立公園の景観を大切にし、室戸岬と同じようにジオパークの運動にも参加して、日本の国際交流の原点となったジョン万次郎の土地の伝統をも、受け継いでほしいと願う旅であった。

写真４　足摺岬の海岸の景色

木の家耐震改修大勉強会　南海地震を正しくこわがる

高知新聞社は、「国際森林年」記念行事で「〝木の家〟耐震改修大勉強会ｉｎ高知」を開催した。午前中は仕事人向けの勉強会、午後は一般向けの勉強会で、私も地震の仕組みを話した。この会で、高知の人たちは幸せだと思った。理由を以下に列挙したい。

まず、開会の挨拶である。野田総理のメッセージ、高知新聞社長、尾崎知事をはじめ数人の挨拶が実に的確であった。知事は、南海トラフに予測されている巨大地震を最新の知見で表現し、しかも会の最後まで参加されたのである。

次に会の主題の「木の家」である。台風や地震などの自然現象が起こる日本列島では、他所から持ってきた木でなく、土地で育った木で家を建てると、そこの強震動や大風に強い家ができる。土地の自然に耐えて育った木が強いのは容易に理解できることである。

樹齢五〇年の杉の林が台風のたびに倒れて被害を拡大し、斜面がすべって川を埋める。同じ深さに根を張っている林は滑りやすく、そのような林を利用することが喫緊の課題である。高知県は地元の多くの杉を活かして地震に強い県になることができる。

高知県には前回の南海地震をよく覚えている人たちがいて、そのときのことを話してくれる。次にやってくる南海地震は昭和の地震より、はるかに大きな規模になる可能性があり、場合によってはマグニチュード九・〇に達するかもしれないということが、最近の海洋研究開発機構（ＪＡＭＳＴＥＣ）の研究から判明している。それに備えるため、経験を学ぶだけではなく、科学の成果を活かすことが減災のための切り札になる。古老の言い伝えだけでなく、その上に科学を加えて、高知の人たちは勉強を続けることができるのである。

ＪＡＭＳＴＥＣでは、南海トラフ近くの海底で「ちきゅう」が深層までボーリングして、持ち帰ったコアを世界の研究者のために高知コア研究所に保管し、世界の科学者がやって来て研究する。また、ＪＡＭＳＴＥＣは、海底に大規模な観測ネットワークを設置して、リアルタイムでそのデータを解析する。そして、きっと次の南海地震のときには、地震に至るまでの時々刻々の地球の情報を、高知県民に送り届けることになる。

さらに、高知県には室戸ジオパークがある。海溝軸の近くにあって南海地震で隆起する現場が、今年、世界ジオパークネットワークの仲間になった。これを活用し、変動する日本列島の大地の仕組みを学んで、震災の軽減に役立ててほしいと私は願っている。

これほど完備した巨大地震を迎える体制は、世界で唯一、初めてであり、高知県ほど幸せな土地はないと言えるのである。それを活かすかどうかは高知県民が学習して、その情報を活かす知恵を持つかどうかにかかっている。情報が与えられても、家を強くしなければ、また、海辺にいて大揺れを体感したとき、高い場所に避難しなければ、何の役にもたたない。南海トラフの巨大地震まで、まだ学習して備えるための時間が残されている。

壬辰の年に思うこと　九は身を折り曲げた竜

壬辰（二〇一二年）の新年を迎えて、辰年の自分のためにいろいろと調べた中に、数字の由来に関することがあった。漢字の九という字は、身を折り曲げた竜の形だというのである。古代の文字を見ると確かに竜の形である。

竜には雄と雌とがある。九の字になった竜は雌の竜の形で、雄の竜は虫という字になった。これは昆虫などの小さな虫ではなく爬虫類などのことだという。ちなみに小さい虫は、蟲が正字で、虫と蟲は別の字であったが、今では蟲の略字に虫の字が使われる。龍より竜の字の方が甲骨文字にあって古い。荘厳な形にするために複雑化して後の世に龍となり、現在では広く人名にもこの字が使われている。

九という字を含む漢字に、研究の「究」という字がある。究は穴と九を合わせた文字で、これは身を折り曲げた竜が穴の中に入りこんで、物事をきわめつくすという意味を持つのだそうだ。昨年のニュースの中で、一億年以上前の翼竜の雄と雌を判別したというニュースが興味深かった。中国地質科学院の研究者などによる論文が「サイエンス」に掲載された。浙江省自然博物館所蔵の化石に卵を持つ翼竜の化石があり、この化石の骨盤が非常に大きく、しかも輸卵管があって頭蓋骨に突起がないというのを彼らは見つけた。同じ博物館の別の化石に、輸卵管がなく頭蓋骨に突起があるというのがあり、これらの研究を進めて、前者が雌の翼竜、後者が雄の翼竜であるという結論を出した。まさに「究」の字の仕事をした結果の発見である。

ところで、昔の教科書で、「壬辰の乱」というのを習った。今の日本の歴史教科書では、「文禄・慶長の役」である。豊臣秀吉の遠征軍と明および李氏朝鮮の軍との間で、朝鮮半島を戦場に戦われた。国際戦争として一六世紀東アジア最大の戦争とされている。この戦争は、一五九八(慶長三)年、秀吉の死で日本軍が撤退して終結した。

韓国の高等学校では「壬辰倭乱」と言っていたのを「壬辰戦争」と教えることになるらしい。新設の「東アジア史」科目で習う。学術的見地から呼び方を変えるもので、日本が侵略した事実が変わるものではないと説明されている。この戦争を記述した日本と韓国の教科書を比べると、韓国の方の記述が、日本の多くの武将の名前まで挙げてあって、はるかに詳しい。

この壬辰の年の頃、日本では大規模な地震活動があった。一五九六年九月一日、伊予地震、九月四日に豊後地震、九月五日に伏見地震が発生した。要するに連動地震である。中央構造線から有馬

—高槻構造線にかけて、数日間に内陸連動型の地震が起こったのである。その後、一六〇五年、南海トラフの三連動型巨大地震があった。別の壬辰の年では、一八九一年、日本の内陸部で最大規模の濃尾地震が起こり、死者七二七三名の被害があった。

今年は大災害のない年であるようにと、新しい年を迎えて祈らずにはいられない。

武藤順九「風の環」の世界　光・水・風をテーマに

武藤順九さんは仙台市出身の彫刻家である。イタリア・トスカーナの、ミケランジェロ以来の大理石を切り出して、ダイナミックにメビウスの環を彫る。彼の作品は「風の環」と呼ばれ、バチカン宮殿に永久保存されており、ニューヨークのグランドゼロに設置が予定されているなど、世界の注目をあびている。震災の被害者でもある彼は、今、鎮魂のための「風の環」を東日本大震災の跡に置きたいと考えている。

その武藤さんを支援するため、「光・水・風実行委員会」が主催する展示会が、京都市の国立国際会館の庭園で、五月一三日まで開催されている(四月二二日は坂本龍馬財団などと光・水・風フォーラムが開催される)。三月二〇日のオープニングの宴に私も参加し、実行委員長として開会の挨拶を述べた。国際会館は、一九六二年に起工された国際会議場で、一九九七年には「気候変動に関する国際連合枠組条約の京都議定書」が採択されたりして世界に知られた会議場である。その庭園に二一基の大理石の彫刻が配置され、その環を比叡山から吹き下ろす風が抜けて、世界に向かって行く。

　開会のときの私の挨拶から引用する。まず光である。今、私たちは、膨張する宇宙の中にいる。宇宙が生まれて、約一三七億年になるが、私たちは今、一二八億八千万光年の距離にある銀河の光を、SUBARU天体望遠鏡で見ることができる。そして私たちは、太陽の光とエネルギーを十分に受けて「風の環」を見ている。

　そして水である。地球には大量の水がある。地球は、ちょうどの大きさで、また太陽からちょうどの距離にあり、水が液体の状態で存在している水の惑星である。四〇億年前頃には海ができた。日本海は、つい最近、一六〇〇万年前頃までに拡大した新しい海で、そこで蒸発した大量の水が季節風に吹き寄せられて、日本列島に世界でも珍しいほどの豪雪をもたらせる。また、台風が南の海から水を運んで来る。

　京都盆地には、活断層運動による分厚い堆積層があり、その中に運ばれて来た水を豊富に含む。その水で、茶の湯が生まれ、湯葉や豆腐や日本酒が生まれた。それをもとにする京料理も、今では世界の財産と言われる。その京都の北山からの水を引いた池の周りに「風の環」が展開されている。

　さらに風である。太陽からのエネルギーと豊富な水と、地球のちょうどよい程度の重力場の中で、大気が存在し、風が吹く。月の引力のおかげで、海洋潮汐が干満の差を生み、海洋の大循環と大気の流れを継続的に産み出している。地球は生きており、内部に持つエネルギーで大陸が移動し、海洋底が拡大し、プレート境界に巨大地震を起こす。このような変動帯には、大噴火も大津波もまた起こる。

数年後には、ハートを思わせる大きな「風の環」が東日本大震災から復興する地に置かれて、千年の後まで、巨大地震と大津波の教訓を、世界の人びとに伝える役を果たしてほしいと、私は願っている。

写真５　武藤順九さんの風の環。「東日本大震災鎮魂と追悼のモニュメント建立プロジェクト」のための彫刻模型。イタリアの大理石による４分の１ファーストイメージモデル。高さ６４ｃｍ。
（一般社団法人「風の環」提供）

ジオパーク国際ユネスコ会議　島原半島で日本初の開催

二〇一二年五月一六日から一九日までの四日間、島原半島ジオパークを会場として、第五回ジオパーク国際ユネスコ会議が開催された。その国際会議の組織委員会委員長として、私が開会の挨拶をして、四日間の会議が始まった。

二〇〇八年に日本ジオパーク委員会が発足してから、室戸ジオパークも世界の仲間入りを果たして、現在、世界ジオパークが五か所、日本ジオパークが一五か所になった。そして今回、日本ではじめてのユネスコ会議が開催されたのである。

国際会議の開会式では、とくに安定大地のジオパークからの参加を意識して、私が開会の挨拶をした。地球の歴史の中で今、もっとも新しい生き生きと活動する姿を目のあたりにしていると、会議の開催地である島原半島を紹介した。日本列島のジオパークは、変動している最中の弧状列島にあるジオパークなのである。

この会議には、二〇一一年九月に世界ジオパークへの加盟が認定された室戸ジオパークの関係の室戸市、高知県、推進協議会などからも、総勢二〇名ほどの方たちが参加して活発な活動を行っていた。現地で活躍しているガイドさんもいて、研究発表も数件あった。とくに巨大地震が将来発生したときに、室戸ジオパークが果たす役割を具体的に分析した柴田さんたちの研究発表が注目されていた。

中には、ポルトガル領アゾレス諸島からの参加もあって、たいへん興味を持った。室戸がプレートの沈み込むプレート境界のジオパークであれば、この諸島は、プレートの離れていく境界にある、ポルトガル沖約一〇〇〇キロの島々で、一四二七年に発見された火山島である。ピコ島の火山ピコ山が標高二三五一メートルで、ポルトガルの最高峰である。しかも、室戸と同じく、昔は捕鯨の基地であった。この諸島は、今では保養地として世界から観光客が来る。

会議の二日目には、メイン会場で子どもフォーラムというプログラムがあり、第一部では、九州にある四か所のジオパークから、小中高校生たちが集まってきて研究成果を発表した。第二部では専門家が子どもたちからの二二の質問に答えた。第二部の途中から秋篠宮ご夫妻のご臨席をいただいた。私もご到着を出迎え、殿下の隣に着席して説明役をつとめた。子どもたちと専門家のやり取りをたいへん興味深く聞かれた後、ご夫妻は、別室でユネスコから参加した専門家たちと懇談し、熱心にジオパークのことを聞かれ、さらに展示のあるブースをご覧になった。

この会議の第六回は、二年後にカナダのストーン・ハンマー・ジオパークで開催される。大会の最後に島原宣言が読み上げられ、世界ジオパークの役割の中に自然災害の軽減に貢献するということがあるという点がとくに強調された。

室戸では、今年の秋、日本ジオパークネットワークの全国大会が開催される。このときも高知の皆さまにまたお世話になるが、大いに大会が盛り上がることを期待している。

ヴェーゲナーの大陸移動説一〇〇年　寺田寅彦が日本に伝えた

二年前ほど前に、同じような題で「視点」に書いた。それは「大陸移動説」の発想が生まれたと言われている、一九一〇年から一〇〇年のときであった。

アルフレート・ロータル・ヴェーゲナーは、一八八〇年、ドイツのベルリンで生まれた。一九〇八年にはマールブルク大学で教える気象学者となった。名前の英語読みが日本ではよく知られていて、アルフレッド・ウェゲナーと書かれる。ヴェーゲナーは、気象学者として気球を用いた高層気象観測技術の先駆者である。気球に乗る滞空競争では、最長滞空時間五二時間という世界記録保持者であった。

この気象学者は、世界地図を見ていて、大西洋の両側にある南アメリカ大陸の東岸と、アフリカ大陸の西岸の形がそっくりに見えることから、元もとそれがくっついていた、つまり大きな陸地が割れて、割れ目が広がって海ができるように大陸が移動したのだという「大陸移動説」として、一九一二年、フランクフルトで開催されたドイツ地質学会で発表した。その発表から今年一〇〇年。

東日本の巨大地震が起こったこともあり、あらためてそのことの意義を書いておきたい。

一九一五年、ヴェーゲナー著『大陸と海洋の起源』（竹内均訳／解説、講談社、一九七四五年）では、地質学、古生物学、古気候学などをもとに、かなりまとまった説を発表した。中生代には大西洋がなかったという説をとなえたのである。この、当時の地質学者にとっては途方もない考えは、化石を調べ、その土地の歴史を地層の層序から議論している学者たちに受け入れられることはなかった。

しかし、ヴェーゲナーは、義父の気象学者、ウラジミール・ペーター・ケッペンの後任として、ハンブルクの海洋観測所の気象研究部長となってから、『大陸と海洋の起源』の第二版を出版し、また、ケッペンも古気候学者の知識をもとにして、ヴェーゲナーに協力して、一九二二年には、同じく第三版を出版した。一九二九年の第四版では、今の大陸は、すべて一つの超大陸である「パンゲア」から分かれたと主張した。

ヴェーゲナーは、大陸移動の証拠を見つけるために、たびたびグリーンランドへ探検に出かけ、一九三〇年にそこで亡くなった。墓標には「偉大な気象学者であった」と記されているという。

その後、一九六〇年代になって、大陸を支えるマントルが対流しているという考えが登場し、海底の地磁気の縞模様によって海洋底が移動していることがわかり、大陸は移動するという仕組みがはっきりして、プレート運動の考えが確立した。今では、それによって東日本の巨大地震の仕組みも、やがて起こる南海トラフの巨大地震の仕組みも、しっかりと説明できるようになった。

以前書いたように、この大陸移動説をいち早く日本に伝えたのが、ベルリンから帰国した寺田寅彦の、東京地学協会総会での講演（一九一五年）であった。

松陰の生涯と地震活動期　日本橋から小伝馬町へ歩く

獄中で門弟たちへの遺書『留魂録』を残して、一八五九（安政六）年一〇月二七日、斬刑に処された吉田松陰は、一八三〇（文政一三）年八月四日、萩城下松本村に生まれた。

吉田松陰が生まれた年、京都に大地震があって、北野天満宮の石灯籠がたくさん倒れた。そのときから日本列島は地震活動期に入って、マグニチュード七・〇以上の地震だけを数えても、一〇回以上が知られている。一八三三年庄内の地震、三五年の仙台の地震、四三年釧路から根室の地震、四七年善光寺地震、五四年の伊賀上野地震と続き、同年この地震活動期のピークである安政東海地震と安政南海地震の連動型巨大地震が発生した。さらに五四年伊予から豊後の地震、翌五五年仙台の地震と遠州灘の地震、そして江戸の大地震と続いた。五六年には八戸沖地震があり、五七年には今治の地震、五八年飛騨の地震、五八年八戸の地震があった。

この地震活動期に同期するように、一八五三年のペリーの来航などで知られるように、日本の社会も幕末の激動期であった。五五年の江戸の大震災の後に出獄した吉田松陰は、五七年に開塾した松下村塾において、高杉晋作、伊藤博文、山形有朋ら、多くの弟子たちを育てた。松陰が処刑された一八五九年の直後、六一年に陸前の大地震があって、この地震活動期はほぼ終わり、次の活動期の始まりである一八九一年濃尾地震まで、日本列島は三〇年ほどの地震活動の静穏期を迎えた。

二〇一二年一〇月二日から一一月末まで、東京の日本橋で「東日本大震災の記憶と復興」展が開催されている。五街道の起点である日本橋は、一九二三年の関東大震災でも、また太平洋戦争でも災いに耐え抜いてきた。二〇一一年東日本大震災は旧奥州街道にも大きな災害の跡を残した。東北と日本再生の願いを込めて、旧奥州街道の起点の日本橋でこの展示が行われている。展示の内容は、南三陸町、気仙沼市などの津波前後の写真、震災の復旧活動の状況、首都圏の地震被害想定や地震と津波対策など、首都直下地震に関する説明があり、中でも「巨大地震の今後の可能性」というパネルが目を引く。

この展示を見た後、日本橋から江戸の歴史をたどって歩いてみた。東日本大震災では、史跡の常盤橋門や常磐橋が被害を受けた。橋は立ち入り禁止になっている。

さらに歩くと、小伝馬町の十思公園に着く。吉田松陰終焉之地として知られる場所である。そこにはかつて伝馬町牢屋敷があった。ここの刑場では、石町時の鐘の音とともに処刑が実行されたために、延命をはかるように鐘が遅れることがあったという。「吉田松陰先生終焉之地」の碑には、松陰の辞世である「身はたとひ武蔵の野辺に朽ちぬとも留め置かまし大和魂」が刻まれている。

安政の江戸大地震のときには、浅草寺の五重塔の九輪が西に傾いて、曲がった姿が瓦版に残された。二〇一一年東日本大震災のときには、東京タワーの先端が曲がった。今回の日本列島の地震活動期は二一世紀の中頃まで続く。その中で、さらにいくつかの活断層帯で大地震が起こり、さらに南海トラフの巨大地震が発生する。それらに備えて、自然に対する畏敬の念を忘れることなく、少しでも震災を軽減する努力を、あきらめることなく謙虚に続けていくことが大切であると思う。

関西高知県経済クラブの集まり　次の巨大地震への備えも

関西高知県経済クラブの集まりに参加する機会があった。関西で活躍する経済界の人たちを中心に、四〇名ほどが大阪市東成区の「土佐料理みなみ」の二階に集まり、私が妻と到着したときには、すでに土佐弁が飛び交っていた。

この土佐料理の店には、以前一度お邪魔したことがあって、店に入るなり南さん一家の歓迎を受けた。ご主人の南顕さんは、高知県香美市の出身で、名刺には「関西とふる里のかけ橋に」という言葉がゴシック体で印刷されている。肩書きは、「関西香美市ふる里会会長」である。以前、この欄にも書いたように、私も高知県香美市の出身で、南さんのふる里よりもさらに上流の、物部川の小さい支流に沿って山地に入った、当時、在所村谷相という所に住んでいて小学校に入学した。その学校の当時の名は、香美郡在所村第三小学校で、一年から三年の、各学年一〇名ほどの生徒が一つの教室で女性教員の指導を受け、四年から六年の上級生が別の教室で校長先生の指導を受けるという複式授業の小学校だった。

この日、高知県人を招集した経済クラブ会長の西岡清さんは、寝屋川市にある株式会社東洋製作所の代表取締役である。建設機械、土木機械、およびその部品製造など幅広い分野に挑戦している「寝屋川元気企業第2号認定会社」である。最近開発した、一週間雨が降り続けても連続点灯可能な太陽光発電のＬＥＤ街路灯が注目されており、災害からの避難場所の照明など、防災対策への活用が期待されている。電力の普及していない海外の地域でも使用できるので、国際協力でも威力を発揮してほしい製品である。

自己紹介を兼ねた挨拶で、私は、高知県はこれから巨大地震を迎える地域であるが、世界的にも珍しく、これから起こる巨大地震の発生時期が、二〇三八年頃と、しっかり予測されている地域であることを話した。そして、その地震のいくつかの想定モデルによって、津波の高さが最悪の場合三四メートルに達するという予測が発表されているが、政府のその発表の最後にある注意書きをよく読んでほしいと話した。それは、この予測が、必ずしも次に起こる巨大地震のものだというわけではなく、したがって今までの対策が無駄であるなどと、決して考えないでほしいという説明が付いており、大きく揺れたら、まず一人ひとりがしっかりした避難行動をとるようにという注意である。

もう一つ、高知県は全国高等学校漫画選手権大会（まんが甲子園）などの、漫画に関する行事が盛んであり、その審査員を務めるなどして活躍する牧野圭一さんがいる京都造形芸術大学に、四月から私は学長として勤務することになったという報告をした。

乾杯に続いて皿鉢料理の、まずは鰹のたたきである。酢のきいたタレと薄切りの生ニンニクが土佐の味である。そして刺身、たけのこ寿司と昆布巻、かますの姿寿司など、懐かしい本物の土佐料理の味がうれしい。店主の南さんが特に自慢するのは、冬の土佐でしか味わえない、ウツボのたたきである。高知県でも須崎あたりを中心にする地域の料理で、私は土佐市の妻の実家で、若いときにその味を覚えた。

久しぶりに土佐弁を聞きながら、土佐鶴やダバダ火振の酔いがまわる楽しい一夜であった。

京都造形芸術大学に着任　目まぐるしいスタート

二〇一三年四月一日、瓜生山学園京都造形芸術大学の学長に就任した。運び込んだ段ボール箱六二個分の書籍や資料を、とりあえず書棚に並べた。この日この大学の研究系の教員による「春の顔見世展覧会」が始まった。交代で分野ごとに教員の展覧会が開催され、今年は研究系だからと、作品を展示するようにと言われ、出版した本や日本ジオパークの地図などを用意したが、そこへ霊長類研究所のチンパンジーのアイが描いた絵が、私の学長就任祝いに届けられて、これはいいと、その絵を展示した。

午後、通信教育部の教職員が集まる会議に出て説明を聞いた。五〇〇〇人規模の通信教育の学生の教育をこなす力が素晴らしいと思った。作品の受け取り、添削指導、返送という仕事を毎日こなしている。丁寧な添削指導が好評である。夕方から大学が誇る春秋座に教職員が集まって辞令の交付があり、就任の挨拶をした。

二日、教員の幹部の会に出席し、また新規採用職員との懇談会に参加した。仕事に臨む頼もしさが、具体的な内容の発言から伝わってきて嬉しかった。三日、入学式の舞台の背後にしだれ桜が満開になっていた。芸術学部八四四名、大学院芸術研究科八四名、計九二八名が入学した。松平定知さんが徳山詳直理事長の設立の理念「京都文藝復興」を力強く朗読して式典が始まる。式辞で、芸術に挑戦する中、芸術とは何か、人とは何かということを、アイが描いた絵を見て考えてほしいとメッセージを送った。

四日、新しいパソコンに挑戦を始めた。五日は京都大学の入学式に参列し、午後、金戒光明寺へ行くと会津墓地に多くの参拝客があった。六日、同じ瓜生山学園が設置する京都芸術デザイン専門学校の入学式で、大野木校長の式辞に次いで祝辞を述べた。ＡＫＢ４８が唄う「５９段の架け橋」を登って、式場までの階段をさらに登り、芸術活動に従事するために足腰を鍛えることになると話した。春の嵐が来る中を、提携している山形大学へ向かった。

七日、東北芸術工科大学の入学式で、根岸学長の式辞に次いで祝辞を述べ、両大学の連携する背景に、日本の歴史があることの意味を話した。八日、大学を見学した。文化財保存修復研究センターでは、東日本大震災で被害を受けた各地の博物館資料の修復作業が根気よく行なわれている。こども芸術大学、図書館、東北文化研究センターを詳しく見学した。

九日、記者との懇談会で話が弾んだ。一〇日には京大病院で採血、一一日には外来受診して、久しぶりに検査結果が安定しているのに安心した。ストレスがたまっていないようだ。学長室に多くの来訪者があった。一二日、卒業生の来訪で、私が彫刻の現場を案内してもらった。一三日、こども芸術大学の入学式。田島行彦さんのサイン入りの絵本をお祝いに持参した。一四日（日曜日）、通信教育部の入学式で式辞を述べ、一五日、漫画学科の牧野圭一さんたちと防災の紙芝居をつくること、南海地震のタイムラインを漫画にするアイディアなどを議論した。一六日、「日本列島の自然」と題して、初めてこの大学の学生たちに講義した。

半月をめまぐるしく過ごしたが、さて、これから芸術大学の学長としてどのような活動ができるだろうかと、やや落ち着いて今考えている。

写真6　チンパンジーのアイが描いた絵を見せる霊長類研究所の松沢哲郎教授（右）とアイ。（京都大学霊長類研究所提供）

安全と安心の概念　南海トラフの巨大地震を例に

地方自治体の首長の選挙のとき、様々の決まり文句が宣伝カーから聞こえてくる。その中でよく聞く言葉に「安全安心」という決まり文句がある。ときには順序を反対にして「安心安全」と言う人もいる。どちらもが、本当の意味の安全と安心という概念を理解していないということを明白に現している。

国や地方自治体などの行政機関がやるべきこと、また政治家が考えるべきことは、安全な社会にすることであって、それを見て安心するかどうかは、生活する市民が判断することである。それを行政側が勝手に一緒にして言うものではない。市民が安心して暮らせるように、行政の責任で安全な社会を構成していかなければならないのである。

高知県の場合、台風や豪雨や竜巻などの気象災害があるが、それらは毎年のように発生していて経験を積んでいるという安心感が少しはあるかもしれない。しかし、二〇年から三〇年後には、南海トラフの巨大地震が発生すると予測されていて、それによって建築物の倒壊、地盤の液状化などの地震動災害が予想され、また地震の直後には海岸の各地を大津波が襲うと予想されていて、こちらの方は市民の安心感は得られていないと思われる。地震と震災が起こるという予想は必ず当たるのであるが、問題はどの程度の被害があるかということで、様々の場合の量的な予測が計算されて発表されている。

例えば南海トラフの巨大地震による津波の高さの予測があり、最悪の場合には、三四メートル以上の高さになるというような数字が発表される。それならば高い堤防を作ろうという発想が昔にはあって、今でも宮城県などでは、とんでもない高い堤防で、干潟も海岸も海の景色も、みな封じ込めてしまおうとしている状況も発生している。

高い津波から避難する場所だけを考えるならば、二階建でも三階建でもよいから、一番上の階を空気の漏れない構造にしておけばよい。そこに物資を備蓄しておいて、いざというときに避難すれば、空気が残っていて救助隊が来るまでなんとか無事でいられる。そのような津波に対して安全な空間を確保すれば、とにかく津波には安心して、市民はほかの対策を考えることになる。

実は、三四メートルの予測の後に、重要なコメントが付けてあって、この高さが次に起こるとは言ってないとあり、大きく揺れたら各自逃げてくださいと書いてある。それはニュースでも紹介されないし、ほとんどの市民は読まない。もし読んでも、これだけのメッセージでは、避難場所が近くない市民は安心できない。

重要なことは、地震現象をしっかり正しく理解して、まず家を丈夫にして暮らしていて、二〇年か三〇年後に、大きく長く揺れたとき、それを巨大地震で津波が来ると認識し、すぐに避難するということ、それができる市民になっていることが大切である。避難場所がない平野部では、窓のないビルを建てて普段は高台の公園として活用するのも、安心を呼ぶ方法であるかもしれない。行政と市民が知恵を出し合って安全な町を作り、それをよく理解して、安心して市民が暮らすという構図が、これからの社会に必要な考え方ではないだろうか。

緊急地震速報の活用　空振りでも防災訓練を

奈良でマグニチュード七・八の地震が発生したという緊急地震速報が、二〇一三年八月八日一六時五六分に発表されて、広い範囲に伝えられた。この速報を、私は京都市の地下鉄の車内で受けた。携帯電話で速報の内容を見ると、以前から注目している奈良盆地東縁断層帯に、いよいよ大規模地震が発生したと思われるものであったので、次の駅で下車した。奈良市の北方約四〇キロメートルにいて、地震発生から速報まで一秒、奈良市の地下からP波が伝わるのに六秒、その後S波で大きく揺れるまで五秒、大きな揺れが続くのは約二〇秒というように予想した上で、ホームに立っていた。揺れることはなかったので、次の電車に乗って目的地へ向かった。

このときのシステムでは、一般に公表される速報は、二点以上の地震観測点で地震波が観測され、最大震度が五弱以上と予想される場合で、震度四以上の揺れが予想される地域が対象とされていた。実際に起こったのはマグニチュード二・三の小さな地震だったが、尾鷲沖の地震計のノイズの途切れが重なって、大地震が奈良に起こったという想定になった。社会的に影響が大きく、気象庁は謝罪することになった。気象庁の分析と説明は必要であるが、謝罪は不要だと、私は思った。

気象庁の推定する値の誤差は常に起こるものであり、問題はその速報を受け取った側がどう行動したかということにある。関係機関や個人の行動をしっかり分析した報道を期待したが、総じて今回の速報を「過去最大級の誤報」というように表現しつつ、その原因を伝える記事ばかりが目立った。

徳島新聞は、かなり詳しく分析した記事を掲載した。それによると、徳島県庁の送信機の一部が速報を伝えられなかった。ＪＲ四国の管内で信号が発信されたのは土讃線だけであり、他ではプログラムのミスが判明した。徳島バスやタクシー会社は適切に対応していたようである。このとき、離着陸中の航空機はなく、日本航空の一七時発東京行きの搭乗案内中であり、いったん乗客を建物に戻して安全を確認した後、三五分遅れで出発した。

この速報は広い範囲に伝えられたので、速報対応の状態を点検するための絶好の機会となった。適切な対応もあった。ある幼稚園では警報音と同時に、園児たちが避難行動をとった。新幹線では携帯電話が一斉に異常を報せ、前後して急ブレーキがかかって停止した。

和歌山市消防局は奈良へ出動する準備をした。当の奈良県では、防災統括室の職員が電話対応に追われ、担当者は「気象庁の誤報は好ましくない」と苦言を呈したと報道された。これはもってのほかの苦言で、南海トラフの巨大地震に先行する可能性の高い、奈良直下の大地震に対する認識がなく、防災訓練の機会を活かさなかったことを意味する。せっかくの地震防災対策アクションプログラムが実っていないのであろう。

緊急地震速報は、突発的に起こる地震による震災を軽減するため、秒をあらそって気象庁が情報を提供するという、世界に先駆けての技術であり、実践しつつ向上する技術である。受ける側が空振りを容認し、速報を受けたらすぐ適切な対応ができるよう準備してこそ、近い将来に直下の大地震が予想される、奈良県のような地域の防災対策担当者の役目が果たせるのである。

着地型観光旅行の魅力　室戸ジオパークのだるま夕日

二〇一三年一一月二二日、伊丹空港からANA一六〇五便で、六甲淡路断層系、中央構造線を見下ろしながら高知へ向かう。一六〇〇万年前に日本海が拡大して、本州も四国も今の場所に来た。室戸岬や足摺岬を含む四万十帯は、そのあとで付加された新しい大地である。

土佐湾から高知龍馬空港に着陸する。物部川が大量の土砂を四国山脈から運び、海の色を変えている。マイクロバスで室戸岬へ向かう。今回は、京阪神の旅行関係者が新しい旅行企画を模索することを目的として、ジオパークを訪れる旅である。空港から出ると左に高知大学農学部の牧場、右に高知高等工業専門学校がある。絵金の赤岡、地引き網の海岸、岩崎弥太郎の生家、馬路村への入り口、鉄道始発駅の奈半利と過ぎて室戸市に入る。この道中でも、ガイドが同乗して高知の様々を紹介する方がいいかもしれないと思った。

ガイドの和田さん、室戸ジオパーク学術専門員の柴田博士と合流し、キッチンカフェ海土で、予約しておいたジオパーク弁当を堪能した。鯨、ばい貝、金目鯛など、海の幸が実に美味しく、考案された付加体ケーキもあって満腹である。ジオパーク・ギャラリーがキラメッセ室戸の鯨館二階にある。大きな掛け図で四国から南海トラフまでの海底地形を立体視する。「もう一つ大きな室戸岬が見えますか？」と柴田博士が問いかける。「やがてそこも陸地になって室戸の大地が広くなります」と続ける。

土佐弁でガイドする和田さんと、備長炭で栄えた吉良川の町並を歩く。白壁には多層の水切り屋根がある。高知名物の帽子パンを買う。魚屋にメヒカリやオキウルメがあり、鰯の目が活き活きと潤んでいる。御田八幡宮の御田祭は国の重要無形民俗文化財、子授けの祭で知られる。大樹に寄生して熱帯性のボウランが自生している。これは他の場所ではなかなか見られない。

津呂山（標高二五八メートル）の展望台へ登る。「地球が丸いがが実感できるが」と和田さんの土佐弁。日の入りに合わせて岬先端へ降りる。熱いお茶で暖まりながら磯に登って待つ。一六時四五分、太陽が海に接する直前、だるまの形になる。だるま夕日がうまく撮れてうれしい。ホテル明星の広間で夕日に乾杯し、金目鯛や鰹のたたき、土佐鶴で盛り上がった。

ホテル明星では、雲がなければ部屋からだるま朝日が見える。夜は満天の星空である。岬を歩いて、ヤッコカンザシの化石と今のヤッコカンザシの位置を見比べて隆起の履歴を実感し、弘法大師が修行した海蝕洞から空と海を見る。柚子絞りを体験するとき和田さんがナオシチも持ってきた。スミカンと呼ばれるナオシチを県外の人は知らない。絞った酢で魚を試食する用意があれば、高知のスミカンと魚の相性の良さが県外の人に伝わるだろうと、妻が提案した。

牧野植物園に寄り、桂浜へ行って日が暮れた。深海掘削船「ちきゅう」の灯りが、はるか沖に見えた。高い塔の上のライトでそれとわかる。南海トラフの手前で掘削中である。

現地から発信する着地型の旅行企画を、どのように具体化して行くかを考えるための旅行で、いろいろと議論した。その土地ならではの大地の恵みと、そこでの暮らしや歴史などを、専門用語を用いず、工夫されたガイドさんの説明で体験しながら理解し、しかも科学的に正しい知識を得る。生涯学習の時代に合わせて、このような旅行商品が、全国のジオパークで実現することを願いながら、伊丹空港への帰途についた。

大分県のジオパーク　大人が学ぶ子どもたちの報告

二〇一四年二月二五日、二六日、大分県別府市で開催された「おおいたジオ国際フォーラム」に出席した。ジオパークの活動が始まって五年ほどになるが、参加する人びとのジオパークに対する意識が目に見えて向上し、充実した議論や報告があった。中でも大分県の二つのジオパークの子どもたちの報告が感動的であった。夏休み期間に、ジオパークを相互に訪問して交流した経験の報告が子どもたちによって行われたのである。

二〇一三年九月二四日、日本ジオパーク委員会では、阿蘇ジオパークを世界ジオパークへ推薦すること、佐渡、三陸、三笠、四国西予、おおいた豊後大野、おおいた姫島、桜島・錦江湾を日本ジオパークとして認定することが決定された。

この中で、おおいた姫島ジオパークは、国東半島の沖、瀬戸内海に浮かぶ多数の単成火山を持つ島である。ジオサイトには、達磨山火山、城山火山、浮洲火山、金火山、稲積火山、矢筈岳、天然記念物に指定されている黒曜石産地、大分県天然記念物の層内褶曲、ナウマンゾウ化石、藍鉄鉱、アサギマダラの休息地などがある。「火山が生み出した神秘の島」というのが全体のテーマとなっている。瀬戸内海が陸地であった頃の名残であるゾウの化石が出る。火口跡や潟湖を活用した車えびの養殖が基幹産業となっている。

おおいた豊後大野ジオパークでは、約一億年前の地層群を貫くマグマがつくった祖母山の美しい景観や、九万年前の阿蘇火山の巨大噴火があったからこそ生まれた滝や棚田群、井路、石橋群、磨崖仏など、巨大噴火と人々との関わりが体感できる。大分県には磨崖仏が多く、豊後大野には国史跡の菅尾磨崖仏がある。阿蘇の火山活動でできた溶結凝灰岩が加工しやすいので磨崖仏が彫られた。

大分県内で同時に二つのジオパークが発足し、海に囲まれた姫島の子どもたちと、山に囲まれた豊後大野の子どもたちが、相互に訪問する体験ができた。姫島の子どもたちは、水が流れている大きな川で初めて遊び、豊後大野の子どもたちは浮きやすい大きな海で初めて泳いだ。それらの体験が、国際フォーラムの二日目の分科会会場で、子どもたちの元気な声でいきいきと語られた。それを支援してきた大人たちは、その報告を懸命に聞いて感動の拍手を送った。

豊後大野の橋本市長は、市長に就任したとき、「ここには何もない」と言う子どもたちに理由を聞くと、大人たちがそう言うという答えだったという。この意識を、「ここには素晴らしいものがある」と変えるのが、ジオパークだと彼は考えた。姫島の藤本村長も、「何もない」という住民の意識を「ここにしかない」という意識に変えるのが、ジオパークだという。ジオパークを体験した子どもたちが、やがて二つのジオパークを世界の人たちに伝えてくれるにちがいない。

懇親会では、無形文化財の姫島盆踊があり、演目は「アヤ踊り」と「キツネ踊り」で、本来は島外へ出ない踊りとされている。島の男女と子どもたちの熱演に大きな拍手があった。次いで重要無形文化財の豊後大野御嶽神楽が上演された。演目は「天孫降臨」である。いずれも、腕を磨いたお囃子に乗る長時間の熱演で、それらに見とれながら美味しい地酒と料理を頂くという贅沢な時間をすごした。

写真７　おおいた姫島ジオパークで、車海老のしゃぶしゃぶを賞味する。ロッジ姫島にて。

写真８　おおいた豊後大野ジオパークの磨崖仏

香港世界ジオパークを訪ねて　大都会を支える岩盤の大地

　香港は、華南のデルタ地帯にある中華人民共和国特別行政区の一つで、香港島、九龍半島、新界と周辺の島々からなる。面積は一一〇四平方キロ、人口は七〇〇万人を超える世界的な大都市の一つである。日本からの旅行者も、香港は買い物と食事の街だと思っている。香港政府観光局のウェブサイトでも、「ビクトリア・ハーバーを眺めるには、チムサアチョイ・プロムナードから」というような説明が出てくる。日本の旅行社の案内を見ても、「グルメ・ショッピング・絶景の夜景・テーマパーク」という説明が並ぶ。

　しかし、香港には当然ながら大地がある。アジアを代表する大都市を支える大地をよく見て、中国料理を食べ、その食材を産み出す大地の仕組みを学び、人びとの歴史を学ぶという旅行を、日通旅行が企画して、一〇数人で試行してみることにした。以前、この欄で室戸への旅を紹介し、着地型の旅行企画のことを述べたが、今回もその一環で、海外のジオパークへ出かける試みである。ジオパークの目的とするところは「見る、食べる、学ぶ」の精神である。香港は亜熱帯気候帯で熱帯の動植物が多い。全土の四〇パーセントが国立公園として保護されている。香港の東北部の堆積岩地域と西貢火山岩地域の二地域、合計五〇平方キロにジオパークが設定され、ユネスコが支援する世界ジオパークネットワークのメンバーとなっている。西貢火山岩地域には、香港ジオパークのロゴになった六角柱状節理が広い地域にある。

今回訪問するのは西貢火山岩地域で、その見所は大きく二か所である。シャープ・アイランドは、西貢の西部の島で、六角柱の火成岩で覆われている。さらに西部海岸には堆積地形が連なり、引き潮のときには島がつながる。ハイ・アイランドでは、この地域の特徴である六角形の柱状節理の岩壁を見る。ここは、香港の景観トップテンに選ばれている。

東北部堆積岩地域には、ダブル・ヘブンの一六〇万年前の火山爆発によってできた地形と五〇〇メートルの堆積地形、三日月の形をしたトゥンピンチャウの、香港で一番若い岩、トロ海峡の香港最古の岩石、ポートアイランド・ブラフアイランドの四〇〇万年前の奇岩などがある。

私たちが体験した香港ジオパークの「見る」は、ガイドのオリバさんたちに案内をお願いした。魚を売る舟がたくさん停泊する岸壁から、女性の操舵する渡し船で、シャープ・アイランドに渡り、火山弾の転がる浜から干潮の砂洲を歩いて小島に登った。港に戻って海鮮料理の昼食の後、ハイ・アイランドのダムへ向かい、大規模な柱状節理の崖の中に断層があり、柱が大きく湾曲しているのを見て、断層破砕帯の地形を観察した。

到着した夜には香港島の街中で広東料理、二日目の夕食は四川料理と澄んだ夜空のもとの百万ドルの夜景、三日目は、街中の飲茶を楽しんだ。

香港には多くの多国籍企業が、アジア太平洋地域の拠点を置いている。その香港の大都市を、高知県のように変動する若い大地とは異なる、古い岩盤の動かない大地ががっちりと支えている。地震の起こらない、火山噴火のない大地を見て、地球の歴史に多少とも興味を抱くことができれば、そこから地球への理解が一層深まることになる。

写真９　香港ジオパークの柱状節理

久しぶりの授業　地球を観る眼を養う

京都大学理学部を私が離れたのは二〇〇三年一二月、京都大学の第二四代総長になったときであった。そのときから、大学教授ではなくなり、講義する機会もなくなった。その後、国際高等研究所に所属しても、単発もの以外、講義する機会はなかった。

今いる京都造形芸術大学は、学校法人が設置した私立大学で、経営は理事会が行う。学長の仕事は、もっぱら教学に関することであり、教授という職も兼ねている。学長に就任したのが二〇一三年四月、久しぶりに大学にかかわったが、国立大学法人が設置した京都大学の場合とは異なる仕組みであり、慣れるのにしばらく時間が必要であった。

日本の大学には、学校法人が設置する私立大学、国立大学法人が設置する国立大学、もう一つ公立学校法人が設置する公立大学がある。それぞれ仕組みは異なるが、それを理解している人は少ない。

久しぶりに私も一五時間の授業を担当することになり、二〇一四年度は、芸術学部全体の二回生以上の学生に、基礎科目として「地球環境論」を教えることとなった。学長に就任してからは、言葉の上で芸術と科学の連携が重要と言っていたが、それを具体的に話すことになった。

様々の観点からずいぶん考えた結果、地球に関連する活動や仕事をする人たちを招いて、幅の広い視点に立って地球を見るという方針をとることにした。一五回の講義のうち半分ほどを他の方たちに担当してもらった。分野は実に様々で、カヤックを漕いで冒険しながら海の暮らしに接してきた八幡暁さん、産業技術総合研究所で地質を担当する渡辺真人さん、気象現象を研究して木陰の仕組みを人工的に再現する酒井敏さん、第四紀の地質を研究する竹村恵二さん、世界の海底地形を見る谷伸さん、家庭ごみと向き合う一方、津波の瓦礫の分別収集を指導した浅利美鈴さん、海の生物の生態を、無線機を駆使して観察する荒井修亮さんたちである。

これらの方たちの話の間を埋めるように、私は宇宙、太陽、月、地球のことを話しながら日本列島の自然の基本である、噴火、地震、それらによる津波、これから三〇年くらい後に必ず起こる南海トラフの巨大地震のことなどを話した。

当然ながら、このような講義の内容には、芸術系の大学に入ってきた学生たちの知らないことがたくさん盛り込まれる。授業のたびに提出してもらった感想文には、それぞれの学生が何に感銘を受けたかということがわかり、私の学習にもなった。

それとは別に、マンガ学科の学生たちに、宇宙や地球のことを三時間話して、それをもとに漫画を描いてもらうということも試みた。合評会には、みごとな漫画作品が集まって感動した。

朝食を食べる学生が少ないので、今年は、私が学食で使える朝食券を作って、様々の機会に賞や謝礼としてその朝食券を進呈することにしている。講義で詠んでもらった俳句に対して賞を出したり、漫画のすぐれた作品にも賞を出したりした。さっそく美味しく朝食を食べたという学生からの、写メールでの報告もあった。「地球環境論」を受講した学生たちは、今、「地球を観る眼」という題で期末のレポートを作成している。

近況報告になったが、このように様々のことを実行しながら、芸術系大学の学長としての二年目を、私は元気に送っている最中である。

中国にもある安定大地　変動する土佐の大地と比較

中国貴州省は、別の名を金州という。元来は貧しい省であった。しかし、中国政府の政策によって、現在は建設と開発が嵐のように押し寄せている。そのような地を二〇一四年一〇月八日から訪問し、特産の茅台酒を久しぶりに味わうことができた。

貴州省は中国の西南地区にある。北は四川省で重慶市に近く、東は湖南省、南は広西チワン族自治区、西は雲南省と接している。隣の雲南省とともに広い一帯が雲貴高原と呼ばれる標高一〇〇〇メートルの高原で、温暖な観光地としてこれから売り出すことも計画されている。北の四川盆地は低い土地で蒸し暑く、川は長江に注ぐ。雲南の大河である紅水河の上流域でもあり、貴州省の省都である貴陽市や、大都市の安順市などの中央部は、広大な地域の、いわば分水嶺と言えるような地形である。

この地域の特徴を一言でいうと、中国有数のカルスト地形と言える。南部を中心に、中国語で峰林、峰叢と呼ばれる、凸型のカルスト地形、つまり尖り山が展開する。その中でも茘波は、二〇〇七年、中国南方カルストの一つとして、ユネスコの世界遺産に登録された。石灰岩の台地だから、もちろん高知の龍河洞のような鍾乳洞も発達し、総延長一〇〇キロというような規模のものも発見されている。四〇〇〇万人近い人が住み、四割近い人口が少数民族で、ミャオ族、プイ族、トン族、トゥチャ族、スイ族などが知られている。省の半分強が少数民族自治区でもある。

今回の旅の日程である。案内役の京都大学で博士号を得た徐紀人さん、趙志新さん夫妻に、とくに希望して、地震の起こらない安定大地の旅の手配を頼んでおいた。国慶節の休み明けでも空気が濁っている北京を経由して、国内線で貴陽市へ着いた。京都大学にいて今では貴州省で活躍している数人の方たちが迎えてくれた。翌日、貴州湿地公園と孔子堂を見て、貴州大学の迎賓館の昼食会で鄭強学長と話した。ドクダミ（蕺）の根の炒め物を初めて食べた。青岩古鎮の古い街並みと竜泉寺の海百合の化石、貴州恐竜の化石を見た。京都大学の宇治キャンパスにいた郝《ハオ》さんが所長を務める研究所へ行った後、ミャオ族の料理をいただいた。鯰が実にこくのある味で美味しい。

翌日、竜宮へ向かった。巨大な鍾乳洞の中を船で巡る。黄果樹へ向かったが、その途中、尖り山の小山が並ぶ光景が珍しい。中国第一の大瀑布へ行った。さらに黄果樹から西へ行き、南に向きを変えて、高層ビルの建設ラッシュである興義市へ着いた。山道を登ったり下りたりして馬嶺河峡谷の大きな滝を五つ見た。翌日、町はずれの橋から深い峡谷を覗くと、町の地下水が噴出して、それらの滝になっているのがわかった。昼食は、プイ族の村の食堂で、狗（犬）か牛か魚かと聞かれて魚を選んだ。「国家地質公園」の大きな石碑のある萬峰林に着いた。ガイドの車に乗り換えて山の斜面を延々と行く。二万ほどの小山があるという。谷間の村の建物は、景観を損なわないようにデザインされていて美しい。家々では昔からの生活が営まれ、あちこちに野焼きの煙が上がっている。霧と煙の中に小山の群のある墨絵のような景色が広がっている。パノラマ写真とビデオで、広大な景色を記録するのに忙しかった。

一三日に帰国するときには、ちょうど台風一九号と同時に大阪に着いたので、着陸がたいへんだったが、新しい、かつ変動する土佐の大地と比較しながら、東アジアでは珍しい安定大地の光景を、しっかりと記憶に残した六日間の旅であった。

写真10　中国貴州省の万峰林で、カルスト台地の地形を見る。

尾池和夫（おいけかずお）

（2015 年 1 月現在）

京都造形芸術大学学長
京都大学理学博士、地球物理学
1940 年東京生まれ高知育ち。高知市立第六小学校卒、私立土佐中学校卒
1959 年私立土佐高等学校卒業
1963 年京都大学理学部地球物理学科卒業後、同防災研究所助手、助教授を経て、
1988 年 12 月、京都大学理学部教授
1995 年 4 月、改組により同大学院理学研究科教授 (2003 年 12 月 15 日まで)
1997 ～ 98 年度京都大学理学研究科長、理学部長を兼任
2001 年 4 月～ 2003 年 3 月 31 日、京都大学副学長を兼任
2003 年 12 月 16 日～ 2008 年 9 月 30 日、京都大学第 24 代総長
2008 年 10 月 1 日～ 2009 年 3 月 31 日、国際高等研究所フェロー
2009 年 4 月 1 日～ 2013 年 3 月 31 日、国際高等研究所所長
2013 年 4 月 1 日から現職
その間の兼職
1985 年度地震学会委員長、
1991 ～ 97 年度日本学術会議地震学研究連絡委員会委員長
1995 年 4 月～ 1997 年 7 月日本学術会議阪神•淡路大震災調査特別委員会委員
1996 ～ 1998 年度京都府、京都市、大阪府、大阪市活断層調査委員会委員長
2008 年 5 月 23 日から、日本ジオパーク委員会委員長
その他：地震予知連絡会委員、京都市都市計画審議会委員、日本学術会議連携会員、京都市防災会議専門委員、東京電力福島原子力発電所における事故調査・検証委員会委員、大学評価・学位授与機構大学機関別認証評価委員会委員などを歴任
所属学会：日本地震学会、日本活断層学会、日本測地学会など
氷室俳句会副主宰、俳人協会評議員、日本文藝家協会会員

主な著書

世界の変動帯（岩波書店）、日本列島の形成（岩波書店）、アジアの変動帯（海文堂）、中国の地震予知（ＮＨＫブックス）、中国の地震・日本の地震（東方書店）、インドネシアの旅－ジャワとバリの火山を訪ねて－（吉井書店）、地震発生のしくみと予知（古今書院）、日本地震列島（朝日文庫）、阪神・淡路大震災誌－１９９５年兵庫県南部地震（朝日新聞社）、俳景－洛中洛外・地球科学と俳句の風景（宝塚出版）、急性心筋梗塞からの生還（宝塚出版）、続俳景－洛中洛外・地球科学と俳句の風景（宝塚出版）、図解雑学地震（ナツメ社）、句集大地（角川書店）、俳景（三）－洛中洛外・地球科学と俳句の風景（宝塚出版）、新版活動期に入った地震列島（岩波科学ライブラリー）、変動帯の文化－国立大学法人化の前後に－（京都大学学術出版会）、日本のジオパーク－見る・食べる・学ぶ（ナカニシヤ出版）、日本列島の巨大地震（岩波科学ライブラリー）、四季の地球科学－日本列島の時空を歩く（岩波新書）、天地人－三才の世界（マニュアルハウス）、俳景（四）－洛中洛外・地球科学と俳句の風景（マニュアルハウス）など

２０３８年　南海トラフの巨大地震

二〇一五年三月一日　初版一刷　発行
二〇二三年五月二六日　初版四刷　発行

著　者　尾池和夫

発行者　岡田政信
発行所　マニュアルハウス
〒番号　九二九－一三三二
石川県羽咋郡宝達志水町北川尻七－一二八
電　話　〇七六七（二八）四二五六
ファックス〇七六七（二八）四二五六
印刷所　モリモト印刷株式会社
定価はカバーに表示してあります。
ISBN978-4-905245-06-3 C0044 ¥2500E